SO BERUHIGE ICH MEIN BABY

新父母手册

婴儿哭闹的科学安抚方案

［德］克里斯蒂娜·兰克尔◎著 林晓雯◎译

北京科学技术出版社

Author: Christine Rankl

Title: So beruhige ich mein Baby

© 2005 Patmos Verlag der Schwabenverlag AG, Ostfildern

Chinese language edition arranged through HERCULES Business & Culture GmbH, Germany

Simplified Chinese translation copyright © 2019 by Beijing Science and Technology Publishing Co., Ltd.

著作权合同登记号　图字：01-2016-1631

图书在版编目（CIP）数据

新父母手册 /（德）克里斯蒂娜·兰克尔著；林晓雯译. —北京：北京科学技术出版社，2019.8

ISBN 978-7-5714-0166-5

Ⅰ.①新… Ⅱ.①克…②林… Ⅲ.①婴幼儿—哺育—手册 Ⅳ.① TS976.31-62

中国版本图书馆 CIP 数据核字（2019）第 036076 号

新父母手册

作　　者：〔德〕克里斯蒂娜·兰克尔		译　　者：林晓雯	
策划编辑：胡　诗		责任编辑：袁建锋	
责任印制：张　良		营销编辑：葛冬燕	
出 版 人：曾庆宇		出版发行：北京科学技术出版社	
社　　址：北京西直门南大街 16 号		邮政编码：100035	
电话传真：0086-10-66135495（总编室）		0086-10-66113227（发行部）	
0086-10-66161952（发行部传真）			
电子信箱：bjkj@bjkjpress.com		网　　址：www.bkydw.cn	
经　　销：新华书店		印　　刷：河北鑫兆源印刷有限公司	
开　　本：880mm×1230mm　1/32		印　　张：6	
版　　次：2019 年 8 月第 1 版		印　　次：2019 年 8 月第 1 次印刷	
ISBN 978-7-5714-0166-5/ T·959			

定价：39.80 元

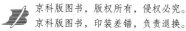

前　言

哭闹多久是正常的？

你是否刚刚还抱着哭闹的宝宝走来走去，试图安抚他却徒劳无功？那么"宝宝哭闹多久是正常的？"，这个问题的答案想必不会使你感到轻松。因为对父母而言，安抚哭闹不断、怎么哄都没用的宝宝的每一分钟，都变得漫长无比。基本上，所有的宝宝都会哭闹，但在 24 小时内，绝大多数宝宝哭闹的时间都不会超过 30 分钟，至于哭闹的原因，十有八九可以归咎为饿了或困了。

根据著名儿科医生梅茜蒂尔德·帕普塞克（Mechthilde Papousek）介绍的"三三法则"，即一个星期有 3 天，每天 3 小时（不是一次连续哭闹 3 小时，而是在 24 小时内总共哭闹了 3 小时），只要宝宝哭闹不超过这个"日哭闹量"，都算正常。言下之意，宝宝偶尔长时间地哭一次是正常现象。那么，站在纯客观的角度看，每个宝宝从一开始就是一个"小哭包"。

哭闹往往会从宝宝出生后几个星期一直延续到第三个月，甚至更长，于是，对爸爸妈妈和小宝宝来说，如此长的一段时间堪称煎熬。哭闹究竟给父母和孩子带来何种压力？单以父母为例，血压升高、心率加快及肾上腺皮质激素加速分泌足以说明问题。一旦听到宝宝哭闹，父母便处于高度警戒状态。抛开心理负担不说，宝宝那高达 80 分贝的哭喊声，轻而易举就能超过吸尘器的声音，甚至只是稍逊于除草机的声音，让我们出于本能，几乎不可能也不应该听而不闻。

除了分贝够高，宝宝的身体也进入"一级戒备状态"：全身肌肉紧绷，肺叶大面积张开，充分调动起所有应激因子。在长期哭闹的宝宝身上，肌肉紧张作为压力的标志可以持续很久，以至宝宝在吃奶或入睡时也很难放松下来。所有可以用来安抚他的措施或喂食行为，在此全然无济于事。

这就不难理解在有爱哭闹的宝宝的家庭中，那种无法言喻的沮丧，以及由此引发的过激行为比比皆是了。20 世纪 70 年代在瑞典首创的"哭闹门诊"迅速在欧洲遍地开花，取得了一定成效。身为父母，在你面前有不计其数意欲施以援手的建议者，本书也正是其中之一。

这些帮助或建议是否有用，只能说仁者见仁，智者见智了。在宝宝刚出生时，年轻的父母便要对数不清的信息和建议辨别、选择，再用从亲戚朋友那里得来的小贴士加以完善。他们大多面对的是繁多却矛盾的信息：从经常抱宝宝是溺爱宝宝——谢天谢地，即使太祖父母辈现在也不再相信"哭闹对肺部发育有好处"了——直至"应该一直抱着宝宝"。善意的建议跨度如此之大，并且充斥着婴儿生活的方方面面。例如，哺乳只可遵循固定时间与只要时间允许随时可以哺乳；睡觉只能安静而有规律地在小床上睡与只要想睡随时随地都可以睡；对于哭闹的宝宝应该哺喂、抱一抱、哄睡与反其道而行之。诸如此类，不胜枚举。

诸多专家的意见，表面上看相差无几，好像每个人都知道"宝宝安抚妙药"的终极"配方"。但这些"配方"不断涌现出来，当中的部分信息自相矛盾，以至使人不知所措。

这方面书籍的情况也类似：作者哈维·卡普（Harvey Karp）是一名美国儿科医生，他深入研究了婴儿肠绞痛，重点推荐将襁褓裹紧作为安抚手段，而绝大多数非常重视髋骨发育的儿科医生恰恰对此表示反对；葆拉·迪德里克斯（Paula Diedrichs）和薇拉·奥尔布里希特（Vera Olbricht）认为父母的心理因素是婴儿产生哭闹的导火索；而毛里·弗列斯（Mauri Fries）则重点探究婴儿的发育水平及个性是如何导致哭闹的。绝大多数的作者都忙于理论分析，好论证这一独特的、程度不一的婴儿哭闹现象。他们建议的解决方法也从观察来的婴儿按摩、作息安排、减小刺激，扩展到了传统的婴儿襁褓（包裹技巧）及抱着婴儿轻轻摇动上。

我认为，每一个建议原则上都是正确的。但是，使用的时机在很多时候却存在问题。每种分析宝宝哭闹行为的理论都有道理，但同时，这些理论往往只涉及复杂的哭闹现象的某一个方面。这就有点儿像盲人摸象，每个人摸到大象身体的一部分，便自认为对其了如指掌。为什么这些建议经常全然无用，在我看来，就在于不当的使用和错误的时机——其与宝宝的作息安排和年龄都息息相关。就如同制作佳肴，什么情况下什么食材可以共烹？掌握时机与分量至关重要。因此，本书的第一章将着重阐明父母应选择什么样的方法，以及如何适当使用，避免父母因为误解就怒气冲冲地扔下宝宝不管。你将会对宝宝那些还不明显的信号有一个初步认识，并且以此作为你介入的有用基础——也就是说，由此得以正确区分"何时"宝宝觉得"何事"让他感觉良好。同样你也会明白，为什么有些宝宝天生安静，另一些却容易烦躁，动辄大哭大闹。最后，关于那个众所周知又闻之色变的婴儿肠绞痛，这章也将详细地予以阐明。

对于饱受宝宝哭闹困扰的父母，本书真正有吸引力的内容在第二章。这一部分是针对不同月龄宝宝生活方面的具体建议。在这里，你将了解典型的"哭闹案例"及其规避方法，并掌握宝宝哭闹时的快速解决方法。然而，你也会意识到，就"安抚宝宝锦囊"而言，"行为层面"（"我能做什么？"）最终只是解决方案的一部分。因为你和宝宝都不是程序运行的机器，而是有互动关系的人，所以宝宝能否成长为一个心理健全的孩子，取决于父母和孩子之间的"关系层面"。这些讲述亲子关系的内容，放在第三章。

假如书中所有的内容对你和你的宝宝都没有帮助，你最后还可以了解一下婴儿咨询所或"哭闹诊所"一般会提供怎样的服务。

这本书完全是出自人和人之间的关系的产物。对此我特别要感谢我的丈夫克里斯蒂安（Christian）和我的两个儿子本哈德（Bernhard）、马蒂亚斯（Matthias）所提出的许多有价值的建议。

维也纳，2009 年 8 月

目　录

第一章

哭闹问题是怎么产生的？

哭闹——睡眠的调节问题

有趣的是，大部分爱哭闹的宝宝在白天，特别是下午和傍晚，几乎没有较长时间的睡眠。他们睡得越少，哭闹得就越厉害。

于是人们觉得，解决哭闹的入手点就在于此：爱哭闹的宝宝就是因为睡得太少！原则上我们也认为此言属实，承认找到了一个造成宝宝哭闹的重要因素。深入研究婴儿哭闹现象的著名儿科医生梅西蒂尔德·帕普塞克也赞同这一观点，她认为婴儿在前三个月的"婴儿期第一阶段"中，至少也应该在醒后 1.5 小时再次入睡。然而，这正是那些爱哭闹的宝宝无法做到的事：自己安然入睡，具体来说，就是把几次小睡连起来变成一次完整的安睡。同样的环境下，别人家的宝宝能够轻轻松松、无忧无虑地打起盹来，爱哭闹宝宝的爸爸妈妈则要用上各种哄睡方法，包括唱歌、轻摇，甚至开车带上宝宝兜风！这些只是为了让一切重回安宁。我们看到：

▶ **特别爱哭闹的宝宝睡得太少，而且很难自行入睡。**

很多爱哭闹的宝宝看上去似乎正在忍受着肚子痛，难道这个问题还不够严重吗？之前平静温和的孩子，经常在 2 个星期大时突然性情大变，成为一个看似无缘无故就开始哭闹的小可怜。在吃奶时或是吃奶后较短的时间内,他开始号啕大哭,脸涨得通红,五官扭曲,小腿乱蹬。这样的哭闹,也特别容易发生在下午较晚的时段或傍晚时分。好,欢迎进入婴儿肠绞痛时期。

直到今天,儿科医生对0~3个月哭闹频繁的宝宝的标准诊断和说明("孩子肚子疼会持续3个月,给他喝茴香茶。再见!")还是再三提及以下这些标志[1]。

1. 肠绞痛大多在宝宝2个星期大开始,6个星期大时达到高峰,3~6个月大时消失。

2. 哭闹经常发生在喂奶期间或喂奶之后。

3. 宝宝的身体蜷缩,脸涨得通红,哭闹不止。哭闹情形往往像痉挛一样——一波刚平,一波又起。

4. 排气或排便可以减轻宝宝的哭闹程度。

5. 肠绞痛在晚间更严重。

6. 为宝宝加强保暖,抱着他走来走去,或者轻轻按摩他的腹部,都可以缓解不适。

7. 在肠绞痛未发作期间,宝宝表现得健康快乐。

现在,在相当多爱哭闹的宝宝身上,的确能看到以上这些令人烦恼、忧虑的症状。那么,它们真的是导致哭闹的必然因素吗?

我不这样认为,这就像我在前言中所举的盲人摸象的例子:这些症状只是复杂现象的一部分。为什么这样说?且不论肠绞痛缺少有效药物,难道其本身不足以成为这令人心碎的哭闹的罪魁祸首吗?我有3点异议。

---

1 引自卡普的著作《世界上最快乐的宝宝:你哭闹的宝宝这样安抚自己——这样睡得更好》,慕尼黑戈德曼出版社,2003年。

1. 在很多文化中，宝宝们从来没有肠绞痛！

2. 对比正常宝宝和肠绞痛宝宝的胃部 X 线造影，发现他们在哭闹时腹中的气体量没有区别。

3. 早产儿的肠绞痛（假如其中有些有的话）开始于预产期后 2 个星期而非实际出生日期后 2 个星期。

如何去理解有肠绞痛的哭闹宝宝，以上 3 点在我看来十分有趣。假如只在我们的文化中才存在着无节制哭闹的小宝宝——因为这个现象在原始社会那里无从听说——那么这里应该有一把通往成功治疗大门的钥匙。很重要的一点是，事实上，有肠绞痛的宝宝和那些正常的宝宝相比，并没有更多的胀气情况（腹中气体量一样，参见第 2 点）。

特别引人注意的是第 3 点提到的事实，即早产儿一直要到这个时间点（预产期后 2 个星期）才开始哭闹得厉害，而不是像最初那样睡得更多。如果环境因素确实给他造成了压力的话，那么我们应该可以找出让小宝宝觉得舒适的做法。

让我们再回顾一下这 3 点。我们和其他文化的父母，比如说巴厘岛上的父母有什么区别呢？非常简单，他们一整天都抱着宝宝走来走去，一直持续到宝宝出生后的 105 天——这在我们看来是完全不可想象的。在那里，从来不是由母亲单独照顾宝宝，而是一个群体共同抚养。把宝宝抱在怀中，也就成了这个"育儿服务"非同寻常的原因。在宝宝出生后的 105 天（相当于 3 个月多点儿），人们将为宝宝举行一个仪式，并用一个鸡蛋在他的手臂和腿上摩擦，他会喝下人生中的第一口水。最终，宝宝被放到地上，正式成为族中一员。在此之前，他就像还没完全离开育儿袋的袋鼠宝宝——仿佛是妈妈的"小尾巴"。在类似的文化中，宝宝从不单独睡觉，宝宝总是被抱着也就显得理所当然了。

> ▶ **这恰恰是频繁剧烈哭闹的 0~3 个月的宝宝所需要的：几乎不间断的身体接触**。

　　今天的许多作者，比如卡普，把缺失的孕期视为婴儿初期出现适应问题的起因。言下之意是，和大多数哺乳动物相比，婴儿来到世上时，还未发育完全。如果孕期可以延长，达到 12 个月的话，那么父母就不会遇到这么多问题。一个 3 个月大的婴儿正处于建立交流和拥有一定承受能力的状态，而这个状态，正是我们希望婴儿与生俱来的。但是，如果我们仔细观察 3 个月大的婴儿，特别是他脑袋的大小，就能明白，为什么人类进化会在孕期进行到第九个月时就叫"停"。从发育角度看，我们的小宝宝——单单凭借体态，就能确定和绝对不会发生某些特定问题的四足哺乳动物不同——其实还需要 3 个月的"母体体验"，才能安安静静地"新鲜出炉"。

　　再回到第 2 点：既然腹内气体量并无区别，那为什么有些宝宝会肚子痛？临床经验显示，哭闹宝宝特别敏感或易怒，进餐时发生的普通胃结肠反射也会使他们慌乱。胃结肠反射就是胃和大肠的反射活动，其作用如下：食物一旦进入胃中，胃就通过轻微收缩告知大肠，它的工作即将开始。这个肚子中的收缩对许多宝宝来说并无特别，但却引发了一些爱哭闹宝宝的剧烈扭动、呻吟和哭喊。

▶ **哭闹的宝宝大多特别敏感或脾气多变，而敏感不仅仅体现在他们对普通胃结肠反射的过激反应上。**

那么，宝宝一直要到出生 2 个星期后（就一个正常的孕期而言）才开始爱哭闹，又该怎么解释呢？一般情况下，在这个时间点后，宝宝们变得更加清醒。他们面对着越来越多的问题，并且必须去应对这些来自内在（参见胃结肠反射）和外界的刺激。而这两方面产生的刺激，实在不只是一点点儿。

过去，出于正确的直觉，人们保护宝宝，不让他们接触过多的外界刺激，比如人们把孩子放在有帐子的摇篮里；今天的小婴儿却被大人带在身边去各种地方——仿佛出生后气也不喘一口，便要去承受那些成人或是大孩子的日常活动的压力。你也许要反驳，游牧民族或者别的原始民族也是这样带着孩子东奔西走的。是的。但是，其一，为免受外界刺激，宝宝们被包裹在背带或是背巾里，紧贴着妈妈；其二，他们并不会被带到霓虹灯闪烁、音乐声和叫卖声震耳的购物中心里（而这些地方，顺便说一句，让一些成年人也不堪忍受）。

然而，为什么有些宝宝——也许正好是你最好朋友的孩子，能够全盘接受我们的生活方式，偏偏你的宝宝却哭得那样撕心裂肺呢？

▶ **哭闹的宝宝一开始难以自我调节（即保持平衡），因此外界刺激容易引起宝宝强烈的反应。**

宝宝们似乎从出生伊始就有差别，无论从职业角度来看，还是以自己的孩子为例，其差异之大每每让我惊叹不已。这一章，我们将通过这种大跨度的差异进一步探究宝宝的需求和性格。我们先来具体看一看：小宝宝们是怎么做到不让情绪一再失控的，以及为什么有些小宝宝做不到。

宝宝试图自我安抚，却以失败告终

大多数宝宝尽管一开始承受能力相当有限，但却能保持足够平衡，从而进一步处理来自内在和外界的刺激。这是一个不容低估的能力。

宝宝们是怎样"未完成"地来到世界上的？让我们先来对此有一个认识：小宝宝还不能好好控制自己的手臂和腿，脑袋和眼睛也无法转动自如，他们在这方面尚缺乏稳定的基础。瑞士著名儿童心理学家比尔京（Bürgin）以海上一艘小船为例，将婴儿与外界的关联做了生动的比喻：风平浪静时，就好比小宝宝没有肚子疼，日常生活也很有规律，那么即便是一艘小小的、不坚固的船儿也能横渡大海。然而，一旦风起浪涌，就相当于增加了某种负担（小宝宝对此自有标准），那么宝宝的哭闹便开始了。噪音、忙碌或是争吵对宝宝来说自然算作负担，这在思维正常的父母看来再清楚不过。然而，让我们举一个看似毫无威胁的例子——和朋友或家人聚会，也能引发宝宝相同的哭闹问题，乍一看这简直不可理解。

但是，让我们从宝宝的角度看一下：突然被抱起，立刻又被放下，就为了把小胳膊小腿大费周章、层层叠叠地包裹起来。宝宝可能刚刚才开始瞌睡，现在却被粗暴地叫醒。有时候，为了在出门前"加足油",宝宝嘴里还会被突然塞入乳头或者奶嘴。接着,宝宝又被塞进婴儿提篮,东摇西晃地拎到车子里。在马达声奏响前,还要经历一道系安全带的程序。宝宝很可能在某个时刻睡着了,不久后却被人用倒序排列的同样动作再次弄醒。聚会现场的情形是,这里有许许多多吵闹的人(超过 3 个人的聚会很常见),宝宝熟悉的小床不见了,宝宝经历从一只手到另一只手的"漫游",还要在如此喧闹的"舞台"上被喂吃的,他试图入睡却往往以失败告终。仿佛这一切还不够似的,最后还要玩那个相同的游戏:穿衣服、塞进婴儿提篮、上车、入睡、再度被抱出来、脱衣服。最后的最后,宝宝经常会哭得撕心裂肺,怎么哄都没用。妈妈爸爸面面相觑,可能在想:"这次的胀气(毫无征兆)可真严重。"

想一想那个小船的比喻:日常生活中,宝宝离家外出,不就可以比作一次驶入大海的航程吗?行船之中,要么是宽敞坚固的大船,要么是摇晃的小船。爱哭闹的宝宝,原则上就坐在这样的一艘小船上,时时受到风浪威胁,失掉内在平衡。海上波涛汹涌,坚固的大船即便遭遇急浪也不容易倾覆。可是,我们那脆弱的小船遇到相同的情况又会如何,也就不必赘述了。

现在不妨仔细看一看,宝宝在出生后的前几个星期中,是运用何种战略去维持尚不稳定的平衡的。让我们回想一下那个独特的事实:绝大多数宝宝一直要到出生 2 个星期后才开始频繁哭闹。

新生儿最成功的战略,在于一开始就被赋予的高度隔离能力,这使得他们几乎一直处于睡眠状态。睡眠差不多完全主宰着他们前两个星期的状态。因此,宝宝们也就能自动摆脱那些过于强烈的听觉和视觉刺激。自然之母还给予了她的孩子一样特殊的"能力":小宝宝们的视力很糟糕。一开始他们只能区分明暗,只能看清眼前 25 厘米左右的事物，如果被爸爸妈妈抱着的话，那么恰好就是脸对脸之间的距离。

　　这个看脸的"节目"完全赢得了宝宝们的欢心，一直到 4~5 个月大，依然是他们的最爱。移动玩具制造商们对此恐怕会不高兴，然而研究证明，直到这个阶段，比起其他可供观察的事物，婴儿明显更喜欢看人脸。但这并不意味着他们未来某个时刻不会对移动玩具发生兴趣，偏爱爸爸妈妈的脸，其实是出于进化上的需要。如果缺乏人与人之间的亲密情感和真实接触，宝宝们便不能健康成长 [1]。而这个深情的联系，也正是他们终生所需的"营养"之一。

　　大概满 6 个星期后（这同样并非巧合），当第一个有意识的微笑绽放，而最糟糕的分离不安（被放下后反射般的哇哇大哭）过去后，宝宝们便能看清更远的事物。而有趣的是，统计数据表明这个时间点恰好也是宝宝每日哭闹的巅峰期。原因何在？其实非常容易理解：帷幕突然拉起，宝宝面对潮涌般的外界事物目不暇接，以至无法消化。

▶ **宝宝的自我保护战略是"不看"和"回避"。当最初几个星期中"天赋"的模糊视力和自我隔离能力不再能够保护他时，他必须自发尝试管理休息时间。**

　　宝宝对听觉刺激的反应也十分类似。一开始，宝宝还仿佛坠

---

1 弗里德里希二世（1712—1786）给孤儿院里的护工布置任务，让她们按部就班地护理宝宝，而不和他们说话。皇帝想要借这个实验找出人类原始语言，一种孩子在不受母语影响的情况下说的语言。这个出于无知的残忍尝试最终没有得到任何结果，因为绝大部分的孩子没有存活下来。

入一堆棉花中，渐渐地，只觉声响愈发喧杂难受。他有多喜欢听到爸爸妈妈的声音啊，尤其是当他们唱起歌时；而当爸爸妈妈大喊大叫时，他又将感到多么震惊！

在这时，宝宝的战略还是老一套：回避。如果吵闹的声音还不停止——人们喋喋不休的说话声、车辆的启动声或是摇铃的晃动声想方设法地"印入脑海"（婴儿的确感到这般来势汹汹），他就会启动二级防御：宝宝开始乱蹬小腿，好似要摆脱这些不舒服的刺激。他的目光发生变化，双眼呆滞无神。宝宝因活动能力有限，这就是他的"浑身解数"了。对于避开一个过分要求和它所导致的"倾覆"危险，他还不会自己跑开或说"不"。如果这时刺激的火力不立即减弱的话，宝宝就会转入最高防御：哭闹。此刻的宝宝可谓泪流满面，身心俱疲，眼前的一切都显得难以接受——遗憾的是，也包括我们的安抚尝试。

父母的安抚尝试和正确时间点的问题

有时候，理解宝宝本就够困难了，可在安抚措施中——回想一下那个烹调的比喻——我们还要顾及合适的程度和时机。

▶ **安抚措施能否有用，在于是否选择了正确的时机——即宝宝的年龄，以及在这个年龄段，每次的安抚是否处于正确的时间点。**

关于正确的时机：以典型的"哭闹宝宝"为例，也就是说，3个月以内的宝宝。不妨看一下靠在自己肩头的宝宝，或去观察一下别人是怎么试图安抚哭闹不止的宝宝的。接下来这个没有戏剧性的例子,代表着我们经常看到的一次典型的所谓安抚。

宝宝躺在床上哭,妈妈抱起他(她以为眼前是一个需要安慰的人,而不是一个不知所措的宝宝),开始问:"发生了什么呀?"果然宝宝在她怀里安静下来,可几分钟过后,他又开始哭。妈妈又问发生了什么事,可这次,询问在哭泣中被宝宝忽略了。妈妈把宝宝竖直抱起来,宝宝又安静下来,爸爸很快也参与进来,他在孩子面前举起一个小摇铃。我们的宝宝看了一眼摇铃——爸爸妈妈略感轻松,随即摇铃哗哗作响,逗宝宝的话不绝于口,希望他乖乖不吵。突然,新一轮哭闹开始发作——甚至比之前还要响亮,简直可以说怒气冲冲。妈妈把宝宝递给爸爸,爸爸抱着宝宝走到镜子前,问道:"瞧瞧,是谁哭得这么伤心呀?"宝宝对镜子里的形象毫无兴致,哭声再起。爸爸难免有些扫兴,可还是耐心地把这"不领情"的宝宝竖直抱起,在房间里走了一圈,给宝宝指这指那。爸爸在一个亮着的台灯前稍作停留,一边介绍着,一边离灯越来越近,直到我们的宝宝突然彻底放声大哭,这让爸爸大吃一惊。现在,妈妈又把宝宝抱了过去,这次她怀抱着宝宝轻轻摇晃,试图安慰他,告诉他没什么好怕的。最后,漂来了一根救命稻草——爸爸带着希望问:"他上次吃奶是什么时候?"尽管妈妈知道1个小时前刚喂过奶,却也管不了那么多了。接下来,宝宝虽然也因为呼吸反应喝了两口奶,可是很快又开始哭,而且扭动身子,小脸越涨越红。爸爸想:"这该死的胀气!"他再度竖直抱起宝宝,好让他能四处张望——至此,新的一轮抱着走又开始了。

好吧,也许你心中略感不解,难道这对父母的行为有什么错吗？只看行为的话，虽然没达到预期结果，但也没有做错什么。不过，如果考虑每一个安抚措施的时间点，则他们的确做错了。

观察安抚方式是一件有趣的事，大多数人想哄宝宝时，总是到以前哄大宝的"经验宝典"里面找点子。那些稍大一点儿的，差不多四五个月的宝宝，由于不会因为疲倦而变得焦虑不安，完全明白也会喜欢这些方法。但是，对特别小的宝宝而言，这种种做法反而是在加重他的负担——请你想一想那海上小船的例子。负担中就包括父母这样的尝试——试图用玩具或是声音刺激宝宝，比如通过和他说话、问问题转移他的注意力。

▶ **那些哭闹宝宝的父母，不是为孩子做得太少，恰恰相反，他们往往做得太多。**

父母在为避免宝宝哭闹，甚至压根不愿让宝宝哭闹出现而努力时，会造成一种紧张急促的激动气氛，它很快就让宝宝感到不堪承受，对父母而言迟早也会如此。爸爸妈妈反复靠近去照顾宝宝，就像靠近易碎的琉璃——从他们紧张的身体姿势上就能看出——好让宝宝不要一下子又哭闹起来。最终，全家就会陷入一种无助、绝望而又剑拔弩张的气氛，特别是当宝宝在夜晚哭闹时，这种情况就更加容易理解了。妈妈们往往会立即质疑自己是否能成为一位称职的母亲，而绝大多数的爸爸则在和不断膨胀的不良情绪做斗争。

关于一个爱哭闹的宝宝是怎样严重影响了自己和父母的关系，以及由此会产生怎样的效果，我将在第二章详细叙述。在此之前，先提一点：

▶ 宝宝越来越爱哭闹，父母无须对此"负责"。

宝宝由于一定程度上的发育不完全而哭闹，多见于0~3个月的阶段，对此父母多多少少是无能为力的。除此之外，宝宝满3个月后出现持续不断、越来越多的哭闹，也会对亲子关系产生负面影响。对此颇感疑惑，却又想要掌控自己宝宝的爸爸妈妈，便会加倍努力地安抚宝宝，或者说，加倍试图转移其注意力。

你看到这个恶性循环了吗？加倍努力并不会带来一个安静的、珍惜你一切付出的宝宝。我们会在第二章详细介绍，什么时候、哪些安抚手段能够取得成功，现在先举一个小小的例子。

抱着宝宝溜达，这无疑是安抚宝宝的首选手段。你用哺乳的姿势把开始有倦意的宝宝搂在怀中（下一章将为你介绍疲倦的信号具体有哪些），抱着他来回踱步当然是对的，最好再用一块布遮住他的眼睛。这样做能够进一步地避免外界刺激：把一块布折起，轻放在宝宝的脑袋和额头上，位置恰好能够遮住他的眼睛，剩余的大部分则披在肩上，若是还长，就让它垂下一小段。但是，对于一个过度困倦，已经开始哭闹的宝宝，这个方法就错了，或者说很难成功，尤其是有的人会竖直抱宝宝。这么做的后果是，宝宝会因为更多的外界刺激而"筋疲力尽"，同时竖直抱的姿势也让他难以入睡。

你肯定会想：这些介绍非常合乎逻辑！但做父母的也不是大老粗，会连孩子什么时候累了都搞不清楚。这话说得很对，因为大自然早已给父母准备了一套依靠直觉的处理方式，即便是"新鲜出炉"的年轻爸妈，也会本能地用正确的方式对待自己的宝宝，尽管他们这么做的时候往往并没有明确的意识。

　　有一个相当有趣的研究对此阐明：成人，甚至是稍大点儿的孩子（从三四岁开始），他们在面对婴儿时的表现是完全一致的，就算是最酷的少年也会主动将声音提高两个八度，并且重复说同一句话，比如："啊呀，这个可爱的小宝宝在哪里呀？在哪里呀？啊，你在这里呀。对了，你在这里。哦，好一个可爱的小宝宝呀。"这种高调门的哼唱式说话被称为"保姆语言"，从因纽特人到德国人，全都相同。

　　在进化中，我们把宝宝抱在怀里轻轻摇晃，或者下意识托住他的小脑袋，也同样是出于天性。那么，那些爱哭闹的宝宝究竟是怎么了？是因为他们没有给出明确的信号？还是完全因为父母缺乏经验，导致情况变糟？在我们进入下一章，着手"解读"宝宝，特别是那些信号模糊难懂的宝宝的奥秘之前，我想先向你澄清一个关于肠绞痛宝宝的认识。

▶ **经过对比发现，婴儿肠绞痛发生在父母的第五个孩子身上的可能性，和发生在第一个孩子身上的可能性是一样的。**

　　这说明宝宝出现肠绞痛和父母有没有育儿经验毫无关系。宝宝肚子疼，因此哭闹得厉害，对此父母不需要有任何压力。性格敏感、脾气多变的宝宝来到人间，肠绞痛往往与之相伴。起决定性作用的，是为人父母者如何依靠特有的天性对待孩子，或者说，理解孩子。

今天我们根据此点出发，认为婴儿和其他哺乳动物幼仔的发育程度相比，缺失了３个月的"婴儿成长阶段"。新生儿的发育不完全，表现在运动能力不够，头、眼、手臂、腿缺乏协调能力，脆弱的消化系统，以及无法忍受过多的环境刺激等方面。除此之外，爱哭闹的宝宝性格特别敏感易怒，无法适应环境，即使是平平无奇的日常生活也会使其不堪忍受。而由于难以屏蔽外界刺激，或是自主入睡，那几乎一直困扰他的睡眠不足更进一步打破了其内在平衡。对稍大一些宝宝的安抚手段大多立足于转移注意力，而这些方法却会让幼小的宝宝更受刺激。

哭闹——一个交流的问题

哭闹是一个宝宝所能做到的最有效率的交流方式。它不但导致父母血压升高，也催促其他成年人无论如何要做点儿什么。当宝宝哭闹时，父母身边很快会凑上来一大堆自以为什么都知道的人，带着责备的口吻提出一个个建议或是行动指南。可以说，父母在这方面的体验常常是不怎么愉快的。

但是，请你积极地看待这个情形：人类除了这么做，别无他法。每个人都被调入预警系统是大自然事先安排的，是人类后代依照这一方式能够获得的最大程度的关注。

虽然哭闹的确是最有效率、最让人警觉的交流方式，但同时父母也难以正确区分。对此有一项十分有趣的实验[1]：在妈妈们面前，各播放一次两个 4 个星期大的婴儿的哭声，一个是因为肚子饿，另一个则是因为刚刚接受完手术，伤口疼痛。结果只有 25% 的妈妈意识到第一个孩子是因为饿了在哭，也只有 40% 的妈妈意识到第二个孩子是由于疼痛在哭。有人用"这不是自己的孩子"来反驳这个实验，这固然也有道理。然而，根据我自己的经验，绝大多数的爸爸妈妈，仅仅通过孩子的哭声，是弄不明白孩子到

---

1 引自卡普《世界上最快乐的宝宝》，第 49~50 页。

底需要什么的,而这一点又恰好一直在被旁观者询问。

如果你认为,只有专业人士才能明白宝宝那难以理解的、听上去一模一样的(哭闹)语言,那么你就错了。芬兰的一项研究曾让 80 名非常有经验的保育师来判断某个宝宝哭闹的原因,他们的正确率大约是 50%,也就是说和随机选择的结果是一样的。

▶ **单单从哭闹方式判断宝宝需要什么,即使对专业人士来说也很难做到**。

这一点听起来好似自相矛盾,在现实中其实无关紧要。因为,哭闹并不是解决交流理解问题的万能方法,关键在于"哭闹之前所发生的事"。说到底,哭闹"仅仅是"开启了警报。问题不在于那此起彼伏的警报声,而在于之前可能发生的入侵尝试。我们当然想知道关闭警报的按键在哪里,但如果我们只一味地想着关闭警报,而不去了解警报响起的原因,最终会收效甚微。我认为,这就好比一座木屋,为了应对可能发生的火灾,准备一个灭火器(在我们的例子中,好比是成功的安抚措施)并学会使用,是十分明智的行为,但更理智的做法是不让木屋着火(对宝宝的信号视而不见或理解错误)。更多与此有关的内容将在下一章详述。

"宝宝语言"的典型信号

通常情况下,在哭闹最多的 0~3 个月,小宝宝掌握的"信号本领"(告诉别人自己想要什么)还非常有限。不仅如此,每个信号还可能代表着不同的意思。本领有限致使信号反复使用,也就是说，从表达上看十分接近，我们必须深入地分辨所有的可能性。只有思考每一个信号出现前发生了什么，我们才能得到正确的解决方案。比方说，检查一个小嘴大张、在"寻找"什么的宝宝1小时前是不是刚刚被喂过，从而得知他是真的肚子饿了，还是有可能肚子疼。

让我们系统地先从不复杂、不容易误解的信号开始。

1. 宝宝清醒而充满兴趣地四处张望，满意地咿咿呀呀。

爸爸妈妈最爱的信号。显而易见，宝宝感觉良好。

2. 宝宝在睡觉。

所有爸爸妈妈第二爱的信号，因为一个能喘口气的休息时间就在眼前。爸爸妈妈和宝宝现在感觉都很舒适。但是，其实这里已经有两种可以区分的变化形式。

变化形式 1：宝宝睡得安静而沉稳。毋庸置疑，宝宝处于深睡眠阶段，呼吸安静而有规律，即使伸个小懒腰，抬起手臂，也不会醒来。这个不被打扰的睡眠阶段对宝宝无比重要，借此他才能为快速成长和对他来说还十分费力的"清醒"积聚力量。

变化形式 2：宝宝蹬着小腿，呼吸不安稳，眼皮虽然闭着，眼珠却在转来转去，还"扮着鬼脸"。

这种变化形式让那些新手爸妈尤为担心。宝宝这么奇怪地呼吸、蹬腿、转动眼珠，还健康吗？是的，甚至可以说非常健康，因为此时宝宝正处于浅睡眠阶段。在这个活跃的睡眠阶段（由于眼珠在眼皮下转动，这阶段也被称为快速眼动睡眠期），宝宝正加速成长，尤其是大脑发育。

目前为止，信号还十分清晰。接下来则变得复杂起来：

3. 宝宝张开小嘴在"寻觅"，也就是张着嘴东寻西觅。如果你

此刻轻触他的脸颊，宝宝会准确地咬向你的手指。

这里也有两种变化形式。

变化形式1：宝宝最清晰的信号和最普遍的解决方法——他肚子饿了，一般情况下，他会贪婪而满意地吃奶。

变化形式2：宝宝开始贪婪地吃奶，可几分钟后不再继续吃，而是撕心裂肺地哭。接着交替重复好几次吃奶、哭喊，在此期间，他开始将身体缩成一团。

究竟发生了什么？宝宝不饿吗？还是奶水不够？让我们从一般情况说起：距离上一次吃奶已经至少过了1.5小时，妈妈的奶水充足（从宝宝有规律地尿湿尿布和体重正常增加可以确定），吃配方奶的宝宝则没有便秘。之前已经介绍过，每次进食之初启动的胃结肠反射，此刻被激活。胃用这个方式告诉大肠，营养即将进入，应该为它腾出位置。宝宝也会在进食过程中或进食后，尿湿尿布，这是正常的过程。健壮的、休息充分的宝宝会忽略这轻微的肠胃痉挛，但在敏感的哭闹宝宝看来，这感觉就好比是吃了一记重拳。

变化形式3：急急忙忙寻觅着的宝宝只是短暂地吮吸乳头（或奶嘴）。他含着乳头（或奶嘴），只是泪眼汪汪地吃一两口，随即哭得更厉害，小腿乱蹬。他要么一再放开乳头（或奶嘴），好像无法找到或者根本没办法含住，要么啜着乳头（或奶嘴）周围，仿佛突然忘记了怎么吃奶。如果把宝宝抱起来的话，他又会开始寻觅。

这一幕和变化形式2相似，它向我们提出了同样的问题，但对于这个状况，我们得到的答案却不一样。

表示想要吃奶的"寻觅"信号，不需多言，经常出现在距离上次喝奶之后的大约 1 小时，因此很容易和饥饿混淆。如果真是肚子饿，那么宝宝至少会用几分钟大口大口地吃奶来填饱肚子。然而，我们清楚地看到，宝宝虽然在吮吸，但并不想吃奶。特别容易引起误解的，是宝宝那一次次寻觅又离开的行为，以及触碰乳头或奶嘴（附近）的动作。人们便会觉得，尽管奶水充足，那糊涂的小可怜却因为不会吃奶而只能饿肚子。

但实际上，这样的宝宝很有可能是肚子疼，所以想通过吮吸来安抚自己。吮吸是一个小宝宝自己可以做到的头号安抚措施。宝宝其实很聪明，他只想吮吸而不是真的想吃奶（谁想在肠绞痛发作的时候吃东西呢），从而就出现了这独一无二的行为模式。

让我们进入第 4 个最常见的信号：

4. 宝宝睁大了眼睛，目光变得呆滞。

让我们看一下其中的两个变化形式。

变化形式 1：宝宝之前心满意足或稍稍有些哼哼唧唧，但是现在明显地盯着一件有趣的物体看。

他的目光十分专注，但并不呆滞。原则上，这是一个非常清晰的、表现出兴趣的信号。这个信号的要点在于，孩子表现轻松，目光没有变得僵直或呆滞。如果我们这个时候和宝宝对话，他会对着我们咿咿呀呀，露出微笑。

变化形式 2：宝宝之前就不太安静，确切地说，哭意明显，目光突然开始变得呆滞。

这个宝宝（目前对我们来说还不可理解）正要失去其内在平衡，试图借助"目不转睛"让自己还能抓住些什么，大多为灯光。如果我们还要和他说话，或再增添一项额外的刺激，比如摇摇铃等，宝宝就会突然转而哭闹。

让我们再深入一步,看一个近似含义的信号。

5. 在你和宝宝说话、玩耍或是把活动玩具悬置在小床上的时候,宝宝却一再别过头去。

这个信号和成人的情况类似,无外乎表示有意识的"回避",宝宝的意思差不多是说"我要休息了"。这是最容易让人误解的信号之一。爸爸妈妈根据小宝宝的发育程度认为,0~3 个月的宝宝和 4~6 个月的原则上没有区别,于是经常会把"回避"理解为对他们个人的"拒绝"。极端情况下,这样的误解会在爸爸妈妈和宝宝之间引发问题。爸爸妈妈,主要是妈妈,会加倍努力去捕捉宝宝的目光,而感觉很受压迫的宝宝则会坚决地转头不看。对于这个问题,我们会在本书的第二章进行更为详细地探讨。

让我们看看接下来的两个信号。

6. 宝宝接连打哈欠,开始哼哼唧唧,期间注意力很容易被分散。

我们看到的显然是一个已经疲倦的宝宝。虽然宝宝还能继续对闲谈或观察活动玩具感兴趣,但是持续的时间很短暂。为什么会这样呢?让我们想想自己,比方说,晚上坐在电视机前,虽然我们早已筋疲力尽,但节目如此精彩,我们还是会一直看下去,直到累得无法从沙发里挪开。对宝宝而言情形类似,世界在他们眼中如此精彩纷呈,想要"关闭"谈何容易。

7. 你的宝宝哼哼唧唧,开始哭闹。

这是全世界的宝宝都通用的语言,表示有什么事不对劲了。符合这一信号的变化形式有好几种,附录中的日程记录表能帮助你确定哭闹的原因。

变化形式 1:宝宝肚子饿了。

如果一个宝宝在距离上次进食 2 小时后开始哭闹,那么这是最有可能的原因。

变化形式 2：宝宝累了。

相似的情况：如果宝宝在醒了 1.5 小时后，开始哭哭啼啼，那便是又困了。

变化形式 3：宝宝觉得无聊。

如果排除掉饿了和累了作为哭声越来越大的原因，那么宝宝需要的是能够让他兴奋的事情。明智之举是和他说说话，或是给他看会动的小玩具。

变化形式 4：宝宝需要身体接触。

如果宝宝既不饿也不累，而且也没心思摆弄玩具，那么想必你的怀抱最能让他感到幸福。

8. 宝宝开始哭闹。

这是之前宝宝哼哼唧唧和开始哭闹的"升级版"。这就像如果我们争辩的话语被同伴置若罔闻，我们便会不厌其烦地重复，假如重复也宣告失败，声音则会变得尖利。同样，如果缺乏对之前信息的了解，只是单纯观察一个哭闹的宝宝就想成功实施安抚，确实不是易事，因为我们在这一刻无法了解宝宝究竟需要什么[1]。就如同一个孤单的宝宝，若是将他抱入怀中，抚慰立即便能奏效。再比如宝宝饿了要吃饭，困了能被轻轻摇晃着进入梦乡……在下面的一些章节中，我们将根据上述例子，了解在宝宝发出信号和爸爸妈妈正确回应的互动中，应该避免什么，或者说，如何让宝宝和爸爸妈妈如同两个协调一致的齿轮，完美咬合。

---

1 本书附录的日程记录表是一个十分有价值的辅助手段，可以帮助你掌握宝宝当下的生活节奏。

宝宝和爸爸妈妈之间最大的误解

如同我们在上一节中所说，宝宝们发出的信号，从一目了然，到不太清晰，直至极容易误解，可以说跨度极大。原则上，理解一个小宝宝是一项艰巨的任务，因为他还不会说话。也许你觉得不会说话再正常不过了，也没有人对此有不切实际的期盼。可是，对很多无助而绝望的爸爸妈妈来说，他们是多么希望自己的宝宝可以开口说话，告诉爸爸妈妈他究竟想要什么。

这个愿望很好理解，我们身处充满高新技术的文明社会，可以熟练地操作电脑，却偏偏对小宝宝那恍若天书的"用户语言"束手无策。看来为了掌握高科技，我们也付出了代价，其中就包括加速忘却所有非口头的信号和语言。比起我们，那些从心底对自然感兴趣的人，他们观察得更为仔细，从而能通过观察得出结论，因此理解这类信号也要容易得多。以此类推，他们也能更好地理解宝宝。

在"理解宝宝"这棵大树的分枝上，我们所了解的也远远不够。过去，特别是在原始民族的文化中，孩子在族群中被抚养长大，族人中总是有富有育儿经验的女性。今天，对于一切关于育婴的问题，初产妇却几乎只能靠自己解决。在此，我绝对无意为大家庭的优点辩护，但是就"育婴基础教程"而言，大家庭的确助益良多。

即使我们设定一个理想状态，比如和谐的母女关系或是婆媳关系，心理和理念上的问题依然会一直存在。心理层面中，这一点相当重要：年轻的妈妈作为负责宝宝的"专家"，有权利决定怎样安抚和养育宝宝。根据我的经验，几乎所有心理健康的妈妈都能对宝宝的需求做出正确判断。她们想要的，不过是外界的支持和一些有用的信息，帮助她们去了解为什么宝宝会这样"运作"。如果面对的是非常强势的祖母、外祖母或是父亲，妈妈很难树立起作为母亲的自信心。如果一个人感到不自信，或经常受到批评质疑，很快就会丧失兴趣，放弃继续尝试，最终，就真真切切地怨恨起那些吹毛求疵的家伙。许多产后抑郁症都源于妈妈们的信心缺失[1]：这些妈妈周围的人也许为她们分担了许多工作，却未能真正帮助她们增强做妈妈的自信心。面对能干的爸爸或是能干的祖母、外祖母，妈妈们往往觉得自己地位降低，同时心怀愧疚，因为她们一方面无法独立养育孩子，另一方面还觉得自己给家庭带来了负担。

就算幸运地拥有一个慈爱而克制的祖母或外祖母作为后援，理念问题仍会随之出现，让母亲和长辈双方都感到动摇。过去的一百年，育儿方式在我们的文化中发生了翻天覆地的变化。让我们思考一下，在我们的祖母、母亲和我们自己都还是婴儿时被照顾的方式，想一想儿童医生对这三代母亲提出的建议可以有多大程度的差异。由此可知，我们今天讨论什么才是"正确做法"时，产生冲突也就在所难免了。每一个年轻的母亲都是她这一代的产物，因此必然会受到当时既定的"正确做法"的影响。请你单单就营养问题想一想：直至德国反传统的"六八运动"[2]之前，卫生、

---

1 产后抑郁症是一个需要严肃对待的病症，超过10%的女性在产后患有此症。它在抑郁范畴中表现为经常哭泣、睡眠不佳、失去胃口、动力不足，特别是感到罪恶感和忧虑，担心宝宝会发生什么事。抑郁症会出现在孩子2~9个月大时，也可能在宝宝出生后就存在。如果妈妈有抑郁症症状，请立刻向医生寻求帮助。

2 1968年由"鲜花力量一代"推起的著名的社会运动。这个时代的理想和循规蹈矩的50年代的针锋相对，是自由、和平以及抛弃生活的各个方面中已经存在的社会准则。

口罩和无菌被视为养育宝宝不可或缺的条件。人们严格遵守每四小时才能喂一次奶的规定，配方奶粉被视为最理想的营养物质，因为它符合现代和卫生的标准。不再放任小婴儿无休无止地哭闹下去——因为哭闹不再被认为对宝宝的肺部发育有好处，直到其作为六八运动的产物，才开始逐渐得到贯彻执行。

　　然而，很多在 20 世纪 60 年代被拒绝的行为方式，今天却重新流行起来，比如用襁褓把宝宝包裹起来。总而言之：从前的做法不都是无稽之谈，同样，所有今天宣扬的做法不是都有意义。想把一切做到尽善尽美的愿望，让今天的家长特别烦恼。当然从古至今，为人父母者都想为孩子倾尽全力，但在以前，每个家庭平均有三四个孩子，偏远乡村甚至能达到十个孩子的情况下，父母显然不可能有足够的时间把一切打造得那么完美。那个时候，生孩子的主要目的还是传宗接代。到了今天，夸张点儿说，孩子们作为计划中的宝宝，甚至让父母翘首以盼数年之久，他被带来人间，就是为了让他的爸爸妈妈觉得快乐。

　　年轻的父母们期盼着无瑕的孩子和完美幸福的家庭，可同时又对培育孩子缺乏信心。他们身边没有经验丰富的女性可供请教，对要应付的现实生活，感到压力重重。鉴于这种状况，婴儿咨询所的设立弥补了其中的不足。

　　认为爸爸妈妈缺乏"外语知识"，才会在和宝宝交流时产生误解，这种想法是一种想当然的偏见，尤其是在面对一个敏感的宝宝时。多数情况下，这些宝宝只是在片刻之间，用一种有威胁性的变了调的声音做出告知，所以他们的父母也只有很短的时间要注意到这些，进而做出回应。在这些孩子那里，父母更多的是要通过了解他们将要进入怎样的状态，并采取与之匹配的措施（前瞻性行为），才能更好地避免哭闹发生。

让我们回到已经探讨过的宝宝信号，来看一看什么回应可能是合适的，什么回应可能帮助不大。这些建议主要适用于 0~6 个月大的小宝宝。这里所说的"合适"不应被理解为价值上的评判，而指的是两个人之间没有摩擦的互动协作。就好比是齿轮，目的是让机械和谐无碍地运转。下文中，我们会用父母身上出现频率较高的回应，来了解什么是不合适的做法。而极端或严重的不当行为，比如对孩子置之不理或采取攻击性行为，则不加以考虑。例子中的许多情况可能对你来说已是老生常谈，但是芝麻绿豆般的小事会在日常生活中经常发生。事先声明一点，即使你做不到一直完美迎合宝宝的需求，也绝不要给宝宝带来任何伤害。这些例子只是起到传达信息的作用，帮助你在面对小宝宝时，能够感同身受。

1. 宝宝清醒而充满兴趣地四处张望，并且满意地咿咿呀呀。

• 合适的做法：让宝宝待在小床上，和他说话。如果你没有时间，那就随他自己到处张望。

• 不合适的做法：把宝宝抱出来一小会儿，接着又一言不发地把他放回床上。请你不要露出嘲讽的微笑，因为这种行为发生得相当频繁。譬如说，有人来访，想要抱"一下"（"一下"就是问题所在）宝宝，或是你忽然充满怜爱，想要抱抱宝宝，可又没有很多时间。

2. 宝宝正在睡觉。

• 合适的做法：保持安静。

• 不合适的做法：把宝宝抱起来，去做什么事（注意，把宝宝抱到婴儿车上让他继续睡觉，和让他经历一场辛苦的婴儿座椅之旅是不可相提并论的)；把宝宝叫醒、喂奶或是展示给众人。

3. 宝宝张开小嘴在 "寻觅"。如果你此刻轻触他的脸颊，宝宝会准确地咬向你的手指。

● 合适的做法：给宝宝喂奶。

● 不合适的做法：延迟喂奶，因为 "规定时间" 还没到；先开始换尿布或是换衣服，诸如此类。

4. 宝宝开始贪婪地吃奶，几分钟后，他不再吃了，而是撕心裂肺地哭。接着交替重复好几次吃奶、哭喊的行为，他的身体开始缩成一团。

● 合适的做法：因为宝宝极有可能肚子痛，所以最好能给他拍嗝，也就是说让宝宝横着俯卧在你的大腿上。如果宝宝安静下来，你可以继续喂奶。

● 不合适的做法：继续喂奶，强行塞给宝宝乳头或奶嘴，或是把奶硬挤入宝宝口中。

5. 宝宝急急忙忙地寻觅，却只是短暂地吮吸乳头（或奶嘴），一再放开并且哇哇大哭。抱起来的话，他又开始寻觅。

● 合适的做法：宝宝没有饿，而是肚子痛。给宝宝提供一个安抚奶嘴，或者就用他自己的小拳头，让他通过吮吸安抚自己。

● 不合适的做法：强迫宝宝吃奶。

6. 宝宝睁大了眼睛，目光变得呆滞。

● 合适的做法：回想一下，宝宝之前是否有些哭哭啼啼，上次睡觉是在什么时候。如果距离上次睡醒已经过了 1.5 小时，请帮助宝宝入睡（相关小贴士请见第二章，第 76 页 ）。如果确认宝宝睡够了，你可以利用这个机会和宝宝 "聊聊"，刚才是什么让他看得这么目不转睛。

• 不合适的做法：直接和宝宝说话，或硬把玩具塞给宝宝，硬让宝宝去照镜子。

7. 你和宝宝说话、玩耍或是把活动玩具悬置在小床上的时候，宝宝却一再转过头去。

• 合适的做法：满足宝宝想要休息的需求，请你退后一步等待，直到宝宝自己"说出"下一个信号。拿走活动玩具。

• 不合适的做法：和宝宝说更多的话，追着宝宝回避的目光不放，进一步靠近，打开活动玩具的音乐。

8. 宝宝一再打哈欠，开始哼哼唧唧，期间容易被分散注意力。

• 合适的做法：利用这个宝宝感到困倦而没有过度疲倦的最佳时机，哄他入睡。

• 不合适的做法：继续分散宝宝的注意力，好让他不哼唧得更厉害，甚至开始哭泣。

9. 宝宝哼哼唧唧，开始哭泣。

• 合适的做法：在心中把"饥饿、疲倦、孤单、无聊"过滤一遍找出缘由，迅速采取相应行动。

• 不合适的做法：继续用更强烈、变化更多的刺激来转移宝宝的注意力。

10. 宝宝开始哭闹。

由于这是上述第9点的升级版，所以应参照第9点给出的信息做出回应。

现在，最关键的问题出现了："对哭闹的宝宝该如何做出合适的回应？"对此，我希望接下来的第二章能为你提供必要的"工具"，好让"宝宝齿轮"和"父母齿轮"顺利咬合。

从警报效果的角度看,哭闹是孩子最有效率的交流方式,可惜也是最缺乏表达力的方式。就和警报装置类似,探究警报声为什么会响起才是理解警报的关键,也就是说要了解警报拉响之前究竟发生了什么。只有当你可以正确解释那些看起来大同小异的宝宝信号时,才能做出合适的(有帮助的)回应。对此,请你使用附录中的日程记录表,这能让你更好地掌握宝宝当下的生活节奏。

第二章

解决哭闹问题

怎样才能解决宝宝的哭闹问题呢？只有关注哭闹的起因，才能找到方法。不同的年龄阶段，引起宝宝哭闹的原因也各不相同，因此根据年龄观察哭闹的不同起因才是上策。无论处在哪个成长阶段，爸爸妈妈都应该时刻准备着应对所谓的哭闹状况。本书关注的就是宝宝各成长阶段典型的哭闹问题的起因，因为几乎每一个被误解的宝宝都会以哭闹方式愤怒地抗议。

宝宝在人生的第一年里迅速成长，这本不新鲜，真正耐人寻味的是父母无法跟上宝宝快速成长的脚步。爸爸妈妈孜孜不倦地摸索尝试，终于找到几个好点子，得以使他们的新生宝宝在最初的几个星期中颇感满意，可大约三个月后，这些点子却变得毫无用处。例如，宝宝的日常作息，总算勉强可以遵循一定的规律，可伴随着下一阶段的快速成长，哭闹又不请自来——在爸爸妈妈看来，它来得突然且毫无预兆，一切努力全都化为泡影。这看上去神秘莫测的成长飞跃，可以让一个向来友好合作的小宝宝变得"蛮横无理"：对一切试图换尿布的举动，报以可怕的哭闹。

▶ **这是一种哭闹问题：一个孩子哭闹是因为他觉得自己的需求被误解了。**

满足宝宝们在第一年里不断变化的需求，也就是说，父母要做到设身处地理解和迎合他们，不是一件容易的事。许多父母对

"婴儿能力飞跃期"根本不了解，这是指大跨度的成长能力突破，大致出现在婴儿出生后的 3 个月、6 个月、9 个月和 12 个月。妈妈们最能体会何为光阴似箭，她们的小宝宝仿佛昨天还依然安静地伏在胸口吃奶，可到了 1 岁左右时，却突然要吃猪排，或一定要尝尝爸爸妈妈刚刚放进嘴里的食物。

也许，这些转变看起来极其复杂、不可预知，但观察下来却并非如此，前提条件是：理解每一个成长阶段中的基本主题。当宝宝感到自己被误解的时候，便会引发许许多多的冲突，而宝宝也会因此哭闹。举一个常见的例子，如果给一个 8 个月大的宝宝喂得太多，或阻止宝宝自己去舀漂亮的橘红色菜泥，小家伙就会怒气冲冲。但一个 6 个月大的宝宝就不会因此情绪激动，因为这个时期的宝宝很可能更愿意自己把小嘴张开，而且单单欣赏装着菜泥的小玻璃瓶就能心满意足。

接下来，我们会对"婴儿期第一阶段"，即宝宝的 0~3 个月的阶段，给予最多的关注，因为这是传统意义上婴儿开始频繁哭闹的阶段。你将得到十分具体的建议，这将帮助你处理好育儿初期常见的问题。在每节的 3 个小标题中，将阐述针对不同月龄婴儿的特定"日常问题"。首先会回答有关喂养周期的问题，其次会向你说明怎么帮助婴儿建立有规律的睡眠周期，最后将结合发展心理学的观点详细论述，究竟哪种和谐的日常生活对于宝宝的成长是有益的。

安静和身体接触——婴儿期第一阶段（0~3 个月／新生儿期）

欢迎你来到小船的王国。让我们设身处地地想想这样的状态，去体会一个宝宝在人生最初几个星期中的感受。根据今天的认知，婴儿在最初的 3 个月中，理论上还没有发育成熟，尚不能忍受我们"正常的"生活所带来的种种刺激，就像一艘小船，突然被放入无垠的大海开始航行，这本身就超出了其承受限度。

脱离"哭闹状况"

这是一个不为人知的事实，即新生儿和 4 个月大的宝宝需求相差很大。例如，把一个小宝宝仰面放下，我们会看到他伸开了小胳膊小腿。小家伙绝不会安安静静平躺着，而是很快蜷缩着侧翻到一边：海面上无须风起，小船就会翻转。这种四肢向外伸张的动作叫作"莫罗反射"[1]，是人类遗传史上的一件小礼物。当宝宝觉得自己会坠落时，比方说从举得高高的手臂中被放下，他就会张开手臂，而坠落时猴子宝宝也会做出类似的动作。你也许已经注意到，在抱着孩子拍完嗝，又把他仰面朝天放回小床上时，宝宝也会做出这个动作。对一个敏感或者易怒的宝宝来说，长时间

---

1 莫罗反射（Moro reflex）是一种新生儿反射，俗称惊跳反射。由奥地利儿科专家欧内斯特·莫罗（Ernst Moro, 1874—1951）最先发现和介绍。当位置、姿势被改变，或者突然受到响亮声音的刺激时，婴儿便会出现出双手迅速向外伸张，然后再复原作拥抱状的动作。——译者注

让他仰躺在一个婴儿枕或是类似的东西上，足以引起其不适。

对成人而言，如此大的不稳定性和对身体缺乏控制，也许只有我们在累到虚脱或醉得几乎不省人事时才可以体会到七八分。就算我们对这种感受有过一次体会，也不会持续 3 个月之久！一个宝宝因为身体的不稳定还无法拥有对自身的感知，意思是宝宝不知道自己是怎么开始的，又会怎样结束。只有通过和我们的身体接触，他才能真正感觉到自己是一个完整的整体。对此，父母们要充分理解这一点。

难道这还不够让人难受吗？在宝宝差不多 2 个星期大的时候，随着清醒时间的增多，"著名"的哭闹行为大驾光临，而最好的保护手段——用睡眠隔离一切，却不知所踪了。醒着的小宝宝很快就会因为外界给视觉、听觉、触觉所带来的刺激而感到不堪重负。这就像在小船上不断增加新的包裹，小船很快就会失去平衡，于是宝宝开始哭闹起来。

小船（婴儿）在前几个星期中视为包裹（负担）的一切东西，在我们成人看来都很难理解。你是否还记得第一章中举的那个家庭聚会的例子？它仅仅描述了一次对新生儿而言十分艰巨的离家外出，以及我们如何无休止地、迅速增加"负担包裹"，最终导致小船倾覆。这里并不是提倡你和宝宝应该在最初的几个星期中与世隔绝，但知道这一点有益无害：在这一阶段做太多事（不包括推婴儿车散步）很容易让一个敏感的宝宝失去内在平衡。

那么，一个不能控制小手小脚，自由仰躺也会导致"翻转"，对自身的身体界限还没有真正感觉的宝宝，需要的究竟是什么呢？

那就是：身体接触，身体接触，身体接触！也许这样解释比较容易理解：让我们想象一下，如果光着身子躺在一个 100 平方米房间的地板中央，我们肯定会感到有些无措和迷失。每个人都更愿意待在床上，床的位置最好处于房间一角，床上有枕头和被子，房间的面积也是正常大小。我们抱着宝宝，其实就等于缩小了宝宝的感知空间。宝宝依偎在我们怀中，能清晰地感受到自己。而我们紧紧地搂抱着宝宝，也能防止他在任何情况下"挣脱"。

由此可见，身体接触并非婴儿的"奢侈享受"，而完完全全是成长必需。因此，每当我们想把宝宝放下时，他马上就会抗议。由此可见，把这一阶段发展心理学的纲领主题称作"安静和身体接触"也不无道理，正是这两个因素帮助孩子达到稳定、保持稳定。也许你觉得仅仅这么做还不够，因为你已经整天都抱着宝宝走来走去，而宝宝还是不满意，其实你的想法也可以理解。这就如同烹制美食，调味、配料的选择和烹调的顺序都是关键。部分配料是否合适，我们在之前的章节中已经有所介绍，因此你应该对一个成功的配方有了些初步的认识。

现在，让我们先看一下对安抚宝宝能起到作用的 5 个基本因素。之后，你将获得关于宝宝生活领域中喂奶、睡眠以及日常作息方面的更多具体建议和帮助。

什么才能安抚 0~3 个月的宝宝?

什么能让宝宝感到安心? 一句话概括就是: 一切类似母体生活的体验。根据 3 个月"婴儿成长阶段"缺失的理论，宝宝们最想回到的地方正是母体，他们可以在那里真正发育完全，稳妥地来到人间。

你可能已经看过相关的视频，呈现了宝宝出生前在母体中最后几个星期的情形。最先映入眼帘的是狭窄的空间——如同一个压缩包裹。对宝宝而言，他离开狭窄温暖的母体，从蜷缩状态突然自由地仰天而躺，自然十分震惊。我们本能地把宝宝放到小摇篮或婴儿床上睡觉，就是为了让他感受到某种形式的界限。最让他觉得舒适安心的地方，可想而知是贴近父母身体的背巾里。所以在某些不得不如此照看宝宝的文化中（比如游牧民族，或是为防备动物攻击和因卫生状况不佳而采取这一做法的文化族群），并不存在宝宝哭闹的现象。

那么，第一个帮助宝宝自我安抚的因素，就是：

● **宝宝喜欢而且需要身体界限，最好是通过亲密的身体接触得到。实践中，包括下列进阶程序。**

1. 在宝宝躺着或睡觉时，用枕头或者卷起的被子紧紧围住宝宝，让他的身体和两只手臂紧凑地挨在一起。

2. 裹紧宝宝的被子，就像打包裹一样，你会发现老式的襁褓确实有其存在的意义。

3. 尽可能使用背巾贴身带着你的宝宝。

根据宝宝的性格以及日常作息，请合理安排和调整这些安抚措施。第一阶段不难理解，最快也最容易实现。到了第二阶段，父母大多已经开始冒出问题和质疑。至于第三阶段，则对很多人来说根本无法实现。

针对第二阶段：襁褓对绝大多数宝宝而言，足以使他们感觉到自身的存在，体会到被包裹的安全感。这是我们文化中常见的做法，这样父母还可以在一旁做些别的事情。然而，特别不安分的宝宝只有在爸爸妈妈的身上才能安静下来，而且最好是在紧紧包裹的背巾中。这样做还有一个很好的附加效果：身处背巾深处的宝宝能借此保护自己免受视觉刺激。这里有个小小的提示（我们还会就安抚措施的正确时机，也就是说日常作息安排，做进一步仔细研究）：某些情况下，在宝宝已经哭得撕心裂肺的时候才把他包裹起来，已经不起任何作用了。

在着手了解安抚措施的具体操作前，让我们先探究一下父母们对于这个方法的怀疑。不然的话，你恐怕会对接下来的内容"漫不经心"。在咨询工作中，我看到很多家长非常认同"幼小的，特别是敏感的宝宝，需要身体界限和身体接触"这一理论。然而，一旦说到在实际行动中对宝宝的具体安抚措施，很多人则开始口称"但是"。

也许你的情况也大致如此。可是，原因何在？我认为，这种抚养宝宝的方式，在我们这一代人的眼中和文化里，依然（或者说再度）显得过于不同寻常，因为襁褓在不久前还被人们弃之不用。在这点上，成年人喜欢把自己在社会中感受到的紧迫情绪转移到孩子身上。在我们眼中，这"紧紧束缚"根本就是噩梦般的感受，但是，宝宝在出生后最初的几个星期里，却喜欢和需要这种感受。换言之，我们爱吃的肉排却会把小宝宝的消化系统搅得一团糟。尽管这话听上去很可笑，但它经常因为我们自身的感受而被漠视，那就是：小宝宝需要的东西，和成人不一样！

许多父母也会因为类似的抵触情绪而反对使用背巾抱着宝宝走来走去。他们害怕娇生惯养会把孩子宠得无可救药，比如孩子到了6岁还要一直牵着小手，或是在家里养了一个"小皇帝"，这种担心深深扎根于父母脑海中。我们马上就会谈到这个经常被提出的"宠坏"问题，现在还是先按照顺序说一说"身体界限因素"的第二阶段：用被子把宝宝裹紧。那么，具体怎么做才是正确的呢？

首先要选择一床长宽各1米的正方形包被。如果你找不出合适的，完全不要担心，因为你可以非常方便地自己动手制作：直接使用这个尺寸的桌布，或者干脆用剪刀裁下一块大小合适的老式亚麻布（请不要舍不得，这项"投资"会比你给孩子买的其他东西有用得多）。

下面的插图展示了给宝宝裹襁褓的步骤：

1. 将包被上方一角向下折，使其位于被子中央。把宝宝放在包被上。宝宝的脖子应该与包被的上方折痕齐平。

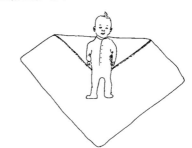

2. 使宝宝的手臂紧贴身体两侧，将包被的一角根据图示披到宝宝的背后，紧紧固定，否则包被很快就会松开。

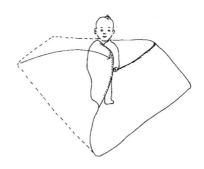

3. 请将包被下方部分向上折，将被角盖在宝宝的肩膀上，并在他背后固定好。

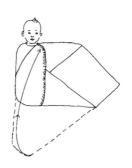

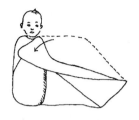

4. 请将剩余的被角盖住宝宝的胸口，从背后绕过，然后掖紧。被角就好比一条穿过宝宝手臂下方的皮带，它需要足够长，即使绕了一圈还可以在身体一侧塞严实。最后的掖紧和塞严特别重要，这样你的"艺术品"才不会在宝宝第一次动弹后就立刻松开。

这些步骤可能听上去颇为烦琐，但在练习两三次后你很快就能得心应手（最好在泰迪熊玩具或平静的宝宝身上练习）。重中之重是，在每一步包裹后都要把包被拉紧，不然的话，包被会因为宝宝翻来覆去而松开。请不要担心，你绝不会弄痛宝宝。请想一想，妈妈肚子里是多么狭窄，而宝宝是多么心满意足吧！同样重要的是，要把宝宝伸展的两只手臂也紧贴身体包裹进去，不然手臂很快就会"逃"出来（事实上，这"逃"出来的手臂会开始制造麻烦）。另外请你注意，不能让包被的一角触碰到宝宝的脸颊，这样会引发宝宝的寻乳反射。尽管十分重要，襁褓也只是帮助宝宝在最初困难的几个星期中觉得舒适一些的方法之一。

尽管襁褓对我们这一代人来说并不常见，却的确值得推荐，尤其是对那些脆弱敏感的哭闹宝宝，他们应该尽可能长时间地待在襁褓中。20 世纪 60 年代早期，家长们被建议，至少在前 6 个星期中将他们的小宝宝放在襁褓里 [1]。考虑到宝宝哭闹的高峰期的

---

1 这类襁褓常常是一个椭圆形的平面，被填充得非常满，两侧可以打结，把宝宝包成一个小"包裹"。直到今天，漫画里还经常出现宝宝躺在这种类似蚕蛹的襁褓中。

确处于这个阶段，这个建议倒也确实有其价值。宝宝们从第 7 到第 8 个星期大时开始露出微笑，普遍变得强壮起来。但这并不意味着襁褓在这个阶段对宝宝没有用处了，恰恰相反，在宝宝们觉得疲倦的时候，特别是在午后稍晚的时间，襁褓依然是最佳选择。

襁褓最大的优点在于，你不必再整天抱着宝宝走来走去，而宝宝依然能够感受到安定和被包围。另外，对那些特别不安静的，吃奶时手臂晃动而失去平衡的小宝宝来说，他们终于能够借此稳定重心。这样一来，喂奶变得顺畅起来，宝宝吃奶时也会减少空气的吸入，而吸入空气会导致宝宝不由自主地哭闹。

现在让我们进入第三阶段，也就是最为可行的用背巾贴身带着宝宝，借此传达给他包围感的阶段。如果说把宝宝紧裹在被子里，许多家长还可以接受的话，大多数人却不愿意使用各类背巾。有趣的是，这不是因为他们觉得这个方法不合适，毕竟很多人都看过游牧民族用这种方式带着宝宝四处迁徙的图片。如果进一步追问的话，父母们会坦言这样做太辛苦。

要是把背巾夸张地形容成一座彩色的"布山"也不足为过，想来它确实不是一件容易稳妥抱着的物品。许多家长只是设想一下怎样成功地将背巾系好，就已经打退堂鼓了。同时，品牌背巾那动不动就超过 100 欧元的价格，也让人望而却步。但我们要知道，一条为宝宝专门制作的背巾，用起来是非常方便的。再者，如果稍做思考，你今后为某些有点儿用处的育儿用品要花很多钱，那么背巾作为一项"极其"有意义的投资绝对物有所值，其价值在婴儿期过后也不会结束。将背巾的两头简单缝起，便是一块很棒的垫布或野餐布，折起来则能变成一个躲猫猫的小山洞——总之，可以随孩子们发挥想象，派上许多用场。

　　背巾的终极好处在于，父母可以一边照顾宝宝，一边做家务。父母既腾出了双手，宝宝也很满意。待在背巾里，宝宝可以安然经历一些令他紧张的活动，诸如父母们参加庆祝节日聚会、奔波办事……他们好像躺在一个小小洞穴中，不会受到光线打扰，而这正是背巾的一个关键作用！有些产品，比如立式宝宝背带，看上去更容易背上身，却起不到这个作用。对小宝宝来说，他的脊柱尚未发育坚固，所以在宝宝能坐之前，无论是矫形外科医生，还是物理理疗师，都不建议竖直抱宝宝。在你已经准备飞奔出门，想方设法弄到一条背巾之前，下图简明地向你展示宝宝躺在里面的方式。

　　一条背巾有好几种系法，图中的系法对 3 个月以内的小宝宝最为合适。他们可以在背巾内平躺而免受刺激地移动。对这种系法，你只需把背巾从肩膀到腰部搭一个活套，再在背后系紧，就大功告成了。

　　请你把宝宝放在这个类似吊床的活套中，形状看起来和香蕉差不多。一开始，许多家长出于担忧会把活套搭得非常松，生怕宝宝觉得太紧，其实宝宝对此并不太在乎，但这对他的背部却没有好处。

　　我们推荐购买 4 米多长的背巾，一来爸爸也可以舒服地使用，二来等宝宝大一些的时候，还可以换别的系法。如果背巾够长，你可以将其围绕躺着的宝宝的臀部再绕一圈，在那里打个结。此外，你也可以把背巾搭在肩膀上往手臂方向拉紧，样子就好似短袖，这么做能使背巾更服帖，你也会感觉更舒适。购买这类背巾时，通常都会附赠针对各个阶段宝宝的所有系法的详细说明。

　　需要提醒的是，请你在宝宝安静平和时尝试使用背巾或褟褓。在一个已经开始哭闹的小宝宝身上，你那原本灵巧的双手也可能变得颤抖和不听使唤，很快就会眼睁睁地看着宝宝的四肢和布条缠在一起。这样的时刻无疑会让家长认为"这讨厌的背巾（褟褓）对我家宝宝根本没用"。

　　当然，有些小宝宝就是不愿意待在背巾里，特别是那些两三个月大才接触到背巾的小家伙。至于那些总是被竖直抱着走来走去，已经习惯了不断的视觉刺激和仰躺的宝宝，则更是如此。然而，这时如果能够转用背巾，恰恰会为他们带来许多好处。所以，对这些宝宝，你也应该：

▶ **在宝宝安静平和的时候，开始让他们适应背巾或褟褓。只有这样，才能让他们在情绪激动时对此保持熟悉感，从而有所受益。**

　　根据我的经验，在小宝宝身上，背巾这个十分有益的日常寝具兼一流的安抚道具之所以经常失效，是因为人们总要在几乎太迟的情况下，才像用灭火器一样去使用它。将一个刚开始哭闹的宝宝放进背巾会让他立刻感受到抚慰。但是，对一个已经哭闹不止的宝宝来说，背巾已经毫无作用。此处建议你，在宝宝还只是有些躁动时就把他放入背巾，特别是在下午或傍晚这些容易出状况的时间，这样宝宝才不会失去控制（一旦失去控制，往往难以安抚）。而所有更进一步的安抚手段，都要以"紧紧包牢"背巾或襁褓为前提。把这些手段结合起来，才能得到真正的"安抚宝宝锦囊"。现在，让我们看看第二个有助于宝宝自我安抚的因素：

- **摇动能够大大地安抚宝宝。**

幼小的宝宝最喜欢的是类似母体的环境：我们的宝宝被紧紧包围，同时还伴随着轻轻地摇动。让我们想一想，躺在吊床里是多么享受：微蜷着身子，晃晃悠悠，舒服极了！在宝宝昔日的"天堂"中，还一直有"侍应"随叫随到地送来一口羊水。关于这个安抚手段，我们后面还会说明。

宝宝喜欢摇动，与生俱来。就如我们在前文中提及的，用"保姆语言"（尖尖的声音，重复的词语，睁大的眼睛）和宝宝说话一样，把宝宝抱在怀中时，我们也会不由自主地摇动。

你大概要说，这都是老生常谈了，但是让我们思索一下，在日常生活中，"摇动"又会以哪种形式出现？宝宝使用的寝具，本质上与此相符的，可谓少得惊人！我估计，你的宝宝和朋友们的其他宝宝一样，都躺在一张围栏婴儿床或手推婴儿床上。能够摇动的床就像是摇篮，可惜它在我们的文化中早已过时了。偶尔在年轻的家庭里看到一张婴儿吊床，却感觉好像是放错了地方，大多沦为一件摆设。怀疑持续轻微的蜷缩姿态会对婴儿的脊柱造成伤害，这一想法在父母脑海中可谓根深蒂固。我们对此倒不必惊讶，因为直到20世纪60年代，人们还把"更紧地包好婴儿襁褓，使用硬床垫，让孩子的背部发育笔直"当作至理名言。

宝宝现在所能得到的为数不多的摇动的机会，除了爸爸妈妈的怀抱，就只有婴儿车或汽车了。所有家长都曾有这样的经历：一段崎岖不平的散步道，或是一次相当颠簸的车程，却能有效地帮助宝宝入睡。可是，现在的情形却发生了变化：人们越来越少地推孩子出门，有的话也一定要风和日丽。与之相反，人们却用车载着宝宝四处奔忙。车载婴儿座椅提供的这种不断进进出出和人工造成的蜷缩姿态，使宝宝没有得到真正的休息和安抚，也就可以理解了。

摇动能够安抚宝宝，但日常生活中提供摇动的机会又太少，于是乎，摇动的变形方式就变得层出不穷。爸爸妈妈们会把深夜开车兜风当作哄宝宝的急救措施。美国育儿咨询师经常会提出一些稀奇古怪的建议，他们甚至推荐把宝宝放在启动的洗衣机上。而那些自动婴儿摇椅——造型和宝宝长大后的餐椅差不多——在美国也很常见。

日常生活中，在摇篮已经销声匿迹的今天，最有意义也最容易实现的，是设置一张婴儿吊床。注意，要将吊床的两头都固定好，如果只固定一头，宝宝自然会朝各个方向或是在中轴线附近乱转，这会使敏感的小宝宝失去重心。由于婴儿吊床比摇篮轻巧得多，宝宝在吊床里还可以伴随着每一个小小的动作，自己摇一摇自己。当然，对一个情绪激动、足蹬手舞的宝宝，我们摇动的力度可以大点儿；相应的，对一个安静的宝宝，我们则可以摇得温柔些。

让我们以一个正在哭闹的宝宝为例。为了有效地安抚宝宝（根据上文的说明，排除饥饿的可能），我们要做到两点：其一，我们最好能把他放入背巾；其二，用轻快的步伐摇来摇去。你的宝宝哭得越伤心，你就可以摇得剧烈一些；越来越安静，你就可以摇得温柔一些。这么做的原因是：一个在哭闹中彻底失控的宝宝，身体处于一种僵直的防御状态，所以对轻柔的摇动几乎没有感觉。

宝宝如果哭闹了，第三个你极有可能下意识添加的因素，同样也能安抚宝宝：

- **宝宝喜欢潺潺流水般的"嘘"音。**

就像我们会自动把一个哭闹的宝宝抱入怀中，我们也会无师自通地，像我们的太祖父母，或者其他文化中的父母那样，发出"嘘、嘘、嘘"的声音。这样做可以安抚宝宝，而且效果立竿见影。想一想宝宝们最初的生活空间——母体，也就很容易解释了。妈妈们不妨回忆一下做胎心监护时的情景，腹部被粘上吸盘似的橡胶贴，屏幕上会显示出曲线，与此同时，妈妈们可以听到响亮的声音，肚子里就像有一架水车在运转。

每个人看到熟睡中的宝宝，都会自动压低声音，恨不能踮起脚尖走路，以免发出噪音。但是，有一种特定的噪音，小宝宝们却很爱听，这就是他们在母体中早已习惯的，一切类似潺潺流水的声音。在那里，发出的声音可不小，我们从胎心监护就听得出来。想象一下，母亲的血液是怎样流过动脉，也就很容易明白，为什么小宝宝恰恰能被"嘘"的声音安抚。对我们来说可能有些奇怪，因为对别人发出这个声音，会被视为不礼貌，可宝宝们却喜欢。家中有哭闹宝宝的家长，很快就会因为摇着宝宝走来走去筋疲力尽，而辛苦地"持续发声"也同样如此。于是，这一做法也产生了千奇百怪的版本，先是美国的育儿咨询师们，譬如卡普，他建议在婴儿身边日夜不断地播放流水声的 CD，并把他们放到一个电动婴儿摇篮里。大洋彼岸那些善于寻找商机的商家的创意也层出不穷，他们出售放在婴儿床上的蛋形白噪音播放器，里面海浪声、鸟叫声、心跳声应有尽有。

对于这种过早向婴儿灌输"模拟情况"的流行趋势我个人有些担忧。宝宝需要和人类充满爱意的真实接触，"接触"对一个这么小的宝宝来说，在生命最初的 3 个月中，最先意味着"身体接触"。通过接触，宝宝自然而然可以听到父母的心跳声，当他感到烦躁不安的时候，也能通过"嘘"声获得安慰。这么说绝不是反对让宝宝偶尔躺在会摇动的床上，或是睡在运行中的洗碗机边。但用这些辅助物持续代替身体接触，并非好事。在我看来，父母过早接受和适应这些"技术保姆"所带来的帮助，也同样令人担忧。以后，阻止 1 岁的宝宝坐在电视机前也会变得困难重重。这也不是说，不允许婴儿和小孩子通过看电视得到一点儿安抚，但这绝不能成为一种常规的替代——仅仅因为让那些活泼好动的孩子安静下来，是一件"伤脑筋"的事。

让我们回到"潺潺流水声"：根据经验，宝宝烦躁大多是受到太多刺激或过于疲倦，因此你只需要在孩子特别不安的阶段才使用它。如果你把宝宝放入背巾，轻轻摇来摇去，同时再配上"嘘"声，很快就能起到安抚作用。发出"嘘"声和摇动一样：宝宝哭得越厉害，你的发声就应该越响。请想想肚子里那流水声有多响，因此不要担心这听上去不太友好的声音。如果你没有因为过分激动而表现得不耐烦，那么声音听上去也不会如此。

有经验的父母还会在这时考虑到第四个有助于宝宝自我安抚的因素——宝宝们的最爱：吮吸。

● **单凭吮吸，宝宝们就能最好地安抚自己。**

吮吸对宝宝而言，差不多是唯一一种可以自我安抚的方式。宝宝既不能安慰自己，也不能主动用玩具转移注意力。一个情绪完全失控的孩子（通常是出生才几个星期的小宝宝）可以借助吮吸控制情绪，集中注意力。不应该一直用喂奶来满足宝宝吮吸的天生需求（请参见喂奶的建议，第61页），因此建议在喂奶进展得比较顺利之后（最早宝宝出生1个星期以后），让宝宝开始适应安抚奶嘴。如今，安抚奶嘴是一个在育儿理论上广受争议的物品，同时也是父母们经常讨论的话题。

应该让宝宝适应安抚奶嘴吗？

让我们把自己想象成一个小宝宝，这样就能更好地回答这个问题了。比起吮吸，一个宝宝的确也没有其他更好的自我安抚的方式了。至少在出生后的第一年，吮吸需求显著提高是已经得到证明的。吮吸也是一个新生儿最早掌握的本领：尽管他在母体中从来没有用这种方式获取过营养，却生下来就会吃奶。因此，也就难怪小宝宝又被叫作"小小吮吸者"，而我们人类也被归类为哺乳动物[1]。

▶ **不让宝宝吮吸，几乎是一种恶意的阻止。**

现在有两种方式来满足宝宝的吮吸需求：给宝宝乳头或奶嘴，

---

1 德语中，saugen 意味着"吮吸"，作为词根，它出现在词语"婴儿"（Saeugling）和"哺乳动物"（Saeugetier）中。——译者注

或借助安抚奶嘴。让我们看一下这两种方式各自的优缺点。

原则上，在一个母乳喂养的宝宝想要吮吸的时候，把他揽到母亲的怀中是自然而然的事。相对来说，吃配方奶的宝宝问题会多一些，因为一来两者对应的吮吸技巧不完全相同，使得宝宝不能很好地控制吸奶量，二来母乳和配方奶组成成分的差异也使得母乳容易消化得多。

一旦宝宝开始变得不安，你就可以把哺乳当作哄睡手段。刚果（金）的艾非族人也是这么做的，甚至一天能够达到一百次。在我们的文化中这种做法很不常见，主要是出于以下种种原因。

第一，大多数妈妈不愿意让她们哺乳初期还很敏感的乳头经受这样的折磨。第二，人们认为，不断吃奶反而会加重一个敏感宝宝的消化问题。第三，想想一个孩子需要使用安抚奶嘴多长时间，这让大部分妈妈都觉得"充当"宝宝的安抚奶嘴实在超出了自身的承受能力。撇开这些不说，最迟在宝宝快到 2 岁时，当宝宝习惯了把吃奶当作入睡仪式和安抚方式后，家长也会碰到新的问题。根据我个人的经验，一方面家长在宝宝 1 岁前所投入的精力，可以说是巨大的，另一方面也经常面临其个人承受能力的极限。再者，在我们的社会中，至少在白天，妈妈们常常要单独照料孩子和料理家务，因此"持续吮吸"这一模式往往太过辛劳而难以为继。然而，假如一位妈妈决定使用这一安抚方式，而她的孩子也没有任何消化问题（比如肚子疼），那么这当然是一种很好的育儿方式。这样的妈妈也从来不会碰到抱着哭闹的宝宝在屋里四处搜寻安抚奶嘴的情形——尽管家中有一打存货，可在这种时刻，它们偏偏都找不到了。

按照我的经验，给宝宝乳头、奶嘴这一做法的"困境"在于哺乳的时机和停止哺乳的方式——什么时候由谁来决定应停止哺乳？这也经常出现在宝宝入睡和睡整觉的问题上。如果我们想想刚果（金）的母亲和孩子，那么这一切都不是问题了。由于营养匮乏，孩子不管怎样，都要吃母乳到 2~3 岁，而像宝宝睡婴儿房或是期望孩子一觉睡到天亮的这类想法也从不存在。如果把这一模式移植到柏林、维也纳或苏黎世，就会出现问题。因为，发展心理学的观点和它是对立的。关于这一点，我们会在后面的内容中更深入清晰地阐释。

现在，我们要来说说那些深感有义务全面维护不模棱两可的生活方式的父母之大敌——安抚奶嘴。爸爸妈妈拒绝安抚奶嘴，因为他们认为这是一件"言过其实"塞满孩子嘴巴的东西。我们和那些大一些的宝宝或是学步幼儿打交道时，也能够理解并赞同这一观点。那些年龄段的宝宝，尽管已经掌握了别的动作技巧或安抚能力，却仍把安抚奶嘴一直塞在嘴里，任凭它成为长期吮吸器，这可以说毫无意义。由于宝宝感到无聊和烦恼而用这种方式塞住宝宝的嘴巴，不引导他进行其他活动，对宝宝的成长自然也毫无益处。但另一方面，我个人认为，在孩子想要休息或是睡觉时，也可能是因为有了弟弟妹妹或是要进幼儿园而感到有压力的时候，直接拿走安抚奶嘴是一种十分粗暴的做法。而根据具体情况询问孩子是否还需要安抚奶嘴（这里的回答如果是"是"，父母也必须接受），并且和孩子约定一个可以随时拿到奶嘴的地方，则要理智得多。这样的询问和随时可取的自由，让孩子能够真切感受到他们的需求，也给予了他们自助的可能。

让我们回到小宝宝的立场上，他应被允许自由自在地吮吸！特别是在肚子胀气的情况下。当小宝宝到处寻觅，想要通过吮吸来安抚自己的时候，安抚奶嘴可以说有很大的作用。在我们的"安抚宝宝锦囊"中，这就好比蛋糕上最甜的奶油：被抱在背巾里轻轻摇动，耳边传来潺潺流水般的"嘘"声，再加上嘴里吮吸着安抚奶嘴——心肝小宝贝，还有比这更美妙的吗？

现在，有些孩子，特别是母乳喂养的宝宝，一开始会坚决拒绝安抚奶嘴。如果是这样，我们可以"强制执行"吗？事实上，如果给宝宝用安抚奶嘴，这长长的奶嘴会顶着咽喉，他在出生后最初的几个星期中的确会经常噎住。但是将来，小宝宝和爸爸妈妈借助奶嘴获得的好处，会远远超过这最初的困难。对此不必赘述。我们应该在觉得奶嘴正好有用的时候，才给孩子使用，而这种情况大多是宝宝胀气时。当宝宝寻来觅去，却不断放开乳头，因为他只想吮吸而不是真的要吃奶时，这也就到了你把宝宝抱到怀里，提供安抚奶嘴的理想时机了（一次不行再试一次）。

即使你的孩子现在已完全接受了把安抚奶嘴当作安抚手段，可他一旦躺到小床上或是再度兴奋后，还是会很容易松开奶嘴。特别是在宝宝将入睡时，小脑袋常常会摇来摇去而一次又一次地松开安抚奶嘴。

▶ **请你将一块打着松松的结的口水巾放在孩子脸边充作"奶嘴掉落保护网"，这样一来，一方面孩子可以心满意足地把脸埋进去一点儿，另一方面也能防止奶嘴从嘴里掉落。**

请你正确理解这个小贴士，绝不是叫你给孩子堆砌一大朵"布云"！然而，也有很多宝宝非同寻常地喜欢在睡觉时把脸埋入口水巾，却一不小心弄丢了奶嘴。不管怎样，这个简单的辅助措施可以帮助你的孩子感觉更舒适。

"怎样才能戒掉安抚奶嘴"是双刃剑的另一面，也是父母们时常提出的问题，所以在这里我要多说几句。一般情况下，鉴于人类的成长所需，"戒除"本是自然而然发生的，比如从母乳过渡到固体食物。人类的天性已经设计好蓝图来保证繁衍继续。依据我的经验，孩子们抓着安抚奶嘴不放，是因为他们感觉会失去内在平衡。这听来极具戏剧性，但深入观察后，会发现这里所指的不过是普通的情绪，比如疲倦、疼痛、嫉妒、无聊和孤独。当孩子无论如何都要和自己以及周边环境抗争的时候，产生这类情绪是完全正常的，尤其在幼儿中更为常见。由此，我们会发现一个有趣的现象，比起大约 1 岁的小宝宝，有更多的学步幼儿会含着安抚奶嘴。学步幼儿的自控能力还比较弱，他们在情绪波动时往往需要一个精神支柱。当然，这也和孩子的性格密切相关，有些孩子需要奶嘴的次数格外多，而最终效果如何，也需视是否最大限度地满足了孩子当时的需求而定。

▶ **宝宝要是累了，就可以坐下来使用安抚奶嘴。如果宝宝还可以跑来跑去玩耍，就不需要给他奶嘴，也不要让他像大人叼香烟一样含着它。**

在父母和孩子都很辛苦的低龄阶段，安抚奶嘴很容易被滥用成为大受欢迎的"万能塞"。对此，请你仔细观察，每当孩子想要安抚奶嘴的时候，他正在和什么情绪做斗争，而你是否可以提供一些别的活动供其选择。对于一个觉得无聊的孩子，你可以鼓励他做游戏，或者干脆请他"帮"你做家务（这里也要注意：耐心才能引导下一代成为一个具有合作精神，尤其是充满自信的人）。我会把一个疲倦的孩子很快送上床去，把一个伤心或嫉妒的孩子抱在怀里，和他说说到底是什么让他觉得不开心。

请你绝对不要强行从孩子那里拿走安抚奶嘴，因为这不是人与人之间基于爱和尊重的交流方式。如果这么做，你只会让孩子出于害怕失去奶嘴而更依赖它。请你要不厌其烦地问他，此时是否需要奶嘴，让他有一个自主感受自己需求的机会，再根据这个需求进行协商，而不是让他没有选择地含着奶嘴不放。请你和孩子商量好一个放置奶嘴的地方，而且这个地方不应该一直在他可视范围之内。请你不要把这个他想要的东西随便一放，否则会对他诱惑太大。也请你允许孩子在特定时间使用奶嘴，比如夜间，在他已经感到筋疲力尽时，或是在感觉不舒服的时候，诸如长时间乘车途中。

如果一个 3 岁的孩子还是无论如何不愿意离开安抚奶嘴，或者说含着上了瘾，那么父母就要问一问自己，出于什么原因和困扰孩子才会依靠奶嘴寻求自我安慰。困扰并不专指某种具体的事物，有些孩子就是比别的孩子天性敏感，而坚韧不足，这一点我们会在第三章中"孩子的需求和性格"这一节（第 163 页）予以阐明。

眼下，我们差不多具备了一切"安抚宝宝锦囊"的配方：你的孩子躺在背巾里被轻轻摇着，我们不时温柔地低吟，宝宝幸福地吮吸着安抚奶嘴。什么也不能打扰他进入梦乡了。显然，如果你希望不用抱着宝宝，能自由活动一会儿，那么你现在一定想要把他放下来。于是，我们进入了第五个帮助宝宝自我安抚的因素。

- **侧卧睡或俯卧睡对小宝宝而言更觉舒适。**

3 个月之内的小婴儿仰卧往往并不舒适。用这种方式放下宝宝，会让其感觉像在坠落，由此引起害怕惊惶，比方说做出张开双臂的莫罗反射行为。

单单把小宝宝用普通的"仰卧式"放下来，就会让他惊醒，因为这使他产生了坠落感。因此，如果我们现在想要不动声色地把睡着的孩子放下来，让他用侧躺方式会更明智些。

而同月龄的醒着的孩子也会觉得侧躺或是被包裹在被子里更加舒适。对于有胀气困扰的宝宝，采取俯卧的姿势会睡得更好，因为轻轻按压腹部可以帮助他们排气。

以俯卧姿势睡觉的宝宝，在浅睡眠阶段无法自由伸展手臂，而摇摆的手臂会让他从梦中惊醒，因此俯卧有助于宝宝睡得更深、更长。然而，这个睡姿同时也暗藏风险，现在的观点认为俯卧因其极度深睡眠状态而成为导致婴儿猝死的因素之一。对此，你也一定有所耳闻。

那么现在，你应该怎么做呢？是放弃俯卧的睡姿让宝宝免于危险，还是坚持它很有用，利于休息？也许，我们应该先来看看导致婴儿猝死的几个因素：死亡高峰出现在婴儿出生后 2~4 个月期间，而且经常是在 11 月前后。从统计数据来看，婴儿猝死大多发生在清晨 5 点左右。早产儿和家庭中有吸烟人的孩子出现的风险尤其高。鉴于绝大多数的宝宝不属于这类高风险群体，因此根据经验可以这样：让宝宝白天在你身边仰卧睡觉——如果他也喜欢这么睡的话，晚上则采取侧卧的姿势睡觉。

侧卧或是俯卧对减轻肠绞痛宝宝的痛苦同样有效。仰卧的姿势对一个正好肚子疼的宝宝来说是十分难受的。而在这种情形下，使用"飞机抱"（把宝宝背部朝上托抱在手臂上）效果显著，或者把宝宝手臂交叉放到肚子上俯卧也能减轻不适。

可能也有这样的情形出现：你的宝宝陷入疯狂哭闹，我们这里提到的所有的安抚措施都变得形同虚设。如果是这样，那么你从眼下这失控的处境中抽身而出才是上策，就如同切断一台死机电脑的电源。

▶ **特别小贴士：如果你的宝宝陷入明显无法安抚的哭闹状况，请将宝宝放到婴儿床上，解开尿布。让他安静地待一会儿可以打破无用的抱着走的循环，从而使安抚措施起到作用。**

我们需要考虑的最后也是最重要的"安抚宝宝锦囊"的因素：关系背景。这是所有安抚措施得以实施的基础。

• **宝宝在给他传递最多安静感觉的人身边能够最好地安抚自己。**

这虽是老生常谈，但在日常生活中却很少实现。一方面，妈妈们在白天要单独照顾宝宝，难免会筋疲力尽；另一方面，根据经验，我常常碰到这样的情况：父母很少能够真正做到轮流安抚宝宝，或让第三方来接手。

夜晚哭闹时间的情形一般都是如此：尽管宝宝不断地从妈妈手上倒到爸爸手上，但那个得到休息机会的人却还坚持待在房间里。妈妈们大多是不愿意离开宝宝，而爸爸们则大多不愿意让伴侣在晚上还独自照料小宝宝。于是，父母中的一方会抱着宝宝走来走去，而另一方则紧跟其后。轮流照料宝宝的想法大多只存在于周围人的建议中，父母双方的大脑在现实情景中往往只会变成一片空白。

▶ **请你和伴侣在这困难的阶段学会轮流照料宝宝，就是说，那个暂时空闲的人最好能离开房子，或者至少也要离开宝宝所在的房间。**

只有这样，你才能真正积聚力量，从而有效地安抚宝宝。出于以上种种原因，父母无视有益的指导，而情愿坚守在困难重重的境地中。请你鼓起劲来，和伴侣共同为这一天中最艰难时刻制定一份理智的"执勤表"，必要时也要让第三方介入。

但是，让第三方介入是下一个争议点，从我的经验来看，争议主要针对母亲。许多妈妈把不能一直亲自安抚宝宝视为一种抛弃，而让自己的母亲或婆婆来帮忙则几乎等同于自曝弱点。这初时还显脆弱的母性自信开始面临着进一步瓦解。现在，如果情况是这样，那么"只"和伴侣一起克服下午较晚时间以及夜晚出现的危机状况才可以说是明智之举，这样才能避免这客观的紧张情况升级为大家族里的冲突。许多家庭能够让第三方介入的时间是在白天安静的时段，对此：

▶ **只要时间允许，请你请一个人来推宝宝散步，这样你可以安静地休息、积聚力量。**

毋庸置疑，长时间和一个爱哭的宝宝待在一起，会引发父母双方的无助感和攻击性。父母虽勉强压下火气，但内心却充满疑虑，自然无法成功地安抚好宝宝。然而，敏感的宝宝就像家里养的宠物一样，对此种气氛理所当然地会有所察觉。即便是我们，也不愿意在一个心绪不宁的人的怀里得到安抚。

▶ **我们不能指责一位母亲不够安静。我们只能尽己所能，让她得到更多的安静时间。**

我明白，这是一个恶性循环，而你唯一可做的事，是尽快打破它。这就是说，努力让你的情绪保持稳定。对此，请利用哺乳间隙做些什么来帮助自己重获力量，但是不要做打扫房间之类的事（除非你真想这么做）。

▶ **和一个爱哭闹的宝宝相处的最初 3 个月，完完全全是危机重重的特殊时期，这段时间应有专门的行事规则。**

在这段时间，请你让小时工多来几次，让每一个自告奋勇的女友或祖母参与进来，欣然接受帮助、提议或是带来的食物！不要担心，几个星期之后你就能独自处理家务，把生活料理周全。不要苛求自己去独自照顾一个爱哭闹的宝宝。非洲有一句充满智慧的谚语：养育一子（说的是一个爱哭闹的孩子），依赖全村。所以，请你不要在这特殊情况下去做超越常人所能的尝试。对整个家庭气氛而言，眼下接受一切可能的帮助，才是本质上负责任的行为。

最后，是最为重要的一点：

▶ **你的宝宝爱哭闹，并不是你的错。你只能尽可能地减少孩子给我们生活所带来的变化。**

大约 10% 的婴儿天生就特别敏感、易怒。你可以从某个角度来予以解释，可哭闹的事实却无法更改，对此你不需要负任何责任。作为父母，你的责任在于，尽可能将心比心地满足孩子的需求和适应他的性格，而这已经足够任重道远！

如果现在，你读完了一切，还是觉得对你的挫败感、不堪重负的心情以及抑郁情绪完全没有帮助的话，那么请不要掉以轻心。如前文提及，10% 的母亲患有产后抑郁症，对此你同样也不必有任何压力，但这确实是一个需要严肃对待的病症。这类抑郁症的原因可以从生物化学和心理学两方面来说明，我们会在最后一章就这一主题从心理学的角度具体分析。然而，产后抑郁症毫无例外一定要接受来自医生或是心理咨询师的专业治疗，因为抑郁症在可以预见的一定时期内（几个星期到几个月不等）都不会自行消失，这段时间是母亲和宝宝建立良好关系的重要关口，而亲子关系既会对孩子，也会对母亲（如果没有其他负主要责任的监护人的话）带来不可磨灭的印记。

患上产后抑郁症不是什么羞耻的事情，真正令人羞耻的是不去帮助那一位沮丧不堪的母亲。请向你的伴侣诉说你的感受，并让他和你一起去医生那里咨询。出于不确定、羞耻感或是得过且过等种种原因，许多母亲拒绝寻求帮助，因此只有很少一部分患有产后抑郁症的女性得到了治疗。最终，这持续数月之久，完全没有必要（由于可以治疗）的折磨会对母子双方带来何种影响，也就不言而喻了。

说了这么多，现在你也许想问，这一切是不是有点儿夸张？这么做会不会把宝宝溺爱得不可救药？难道到宝宝 3 岁的时候，还要抱着不放下来？那么接下来的内容，就来回答这个爸爸妈妈们提出的中心问题。

一直抱着宝宝会导致溺爱吗?

会。请你现在不要轻松地吁一口气,觉得有充分的理由不用再抱着孩子到处走了。持续抱着孩子会造成溺爱,但只针对那些快满1岁,已经能灵敏地爬来爬去的小家伙。让我们先来看看什么叫作"溺爱"。根据我的理解,应该要区分帮助型和阻碍成长型两种溺爱。帮助型溺爱就好比蛋糕上的奶油——就连我们成年人也懂得珍惜的、一个小小的爱的证明。帮助型溺爱原则上是为了让宝宝的生活变得容易一些,宝宝就算没有这个小奢侈也能胜任一切,或者说做到自助。让我们借用一个实践中的例子:一个10个月大的会爬的宝宝能够自己取回滚走的球,但是也会有这样的时候,我们很愿意满足一次他明显的请求。或者再举一个例子:在我们正好准备午餐的时候,一个4个月大吃饱睡足的宝宝本可以自行克服一段时间不满意的哼哼唧唧,然而把他抱起来爱抚一下,却会让他的生活变得美好许多。

让我们再以10个月的宝宝为例,以便清晰地分辨出帮助型和阻碍成长型溺爱的区别。一个10个月大的孩子,假如还要抱着的话,就不怎么充满爱意了,而是一种成长阻碍。为什么?因为我们阻止了他获得成功经验的可能。孩子们对自己能完成一件事是多么自豪啊!请你看看一个10个月大的小家伙爬完,或者走完好长一段距离后,脸上是怎样的神采飞扬!同样的行为,在2个月大的宝宝那里是施以爱的援手,但在一个大月龄的宝宝那儿却是帮倒忙。

因此,在这里,思考到底"谁"还需要通过不断抱着走来获取亲密身体接触,显得尤为必要。在接下来的内容中,我们还会就这一主题具体分析各类需求。

就算是 4 个月大的宝宝，所谓的溺爱也会妨碍他。4 个月大的宝宝最喜欢牙牙学语，或者满足地躺着东张西望。如果我们在这个阶段还长时间地把宝宝放在背巾里走来走去（这能让 1 个月大的宝宝十分快乐），就违背其愿望了。因为这么做，恰恰阻碍了此类交流能力的发展，也遏制了宝宝终于能够安静自行休息的能力——此时，他们不再将周遭环境视为大量刺激，而是精彩纷呈。

▶ **阻碍成长型溺爱意为，没有根据其年龄和能力来对待宝宝，妨碍其在成长道路上迈出下一步。**

现在，让我们暂时把自己设想成新生儿，也就是几个星期大的孩子：就说我们抱着宝宝走好了，这样的溺爱能够造成多少成长阻碍？非常少。因为宝宝对身体界限和接触的需求还极为渴望。由此，"是否会对这么大的宝宝造成溺爱"的问题已被充分解答。但是，之后我们还会根据婴儿其他月龄阶段的状况就这一个重要问题进行分析。

0~3 个月的宝宝由于其尚不成熟的发育状态，需要类似母体体验的特殊护理。因此，以下措施最适合安抚他们：亲密的身体接触——放入襁褓或背巾，轻轻摇动，发出"嘘"的声音，吮吸安抚奶嘴或是吃奶，以及用侧躺和俯卧的姿势进入梦乡。前三个月这么做并不是溺爱，因为宝宝还没有自我安抚或是通过玩具转移注意力的能力。在这个阶段，大量而必须的身体接触还能帮助婴儿获取对自身身体的感知。安静而"无为"的日常有助于避免你的孩子"六神无主"。原则上，应让那个此时"心情最好"的人来安抚宝宝，因为不安的情绪会传染他人。

这些是对 0~3 个月大的哭闹宝宝最有帮助的做法。

你还记得"灭火器"那个例子吗？我们也正处于这样的境地。但愿我们拥有一个功能良好的灭火器，即"安抚宝宝锦囊"和对"何时有着火危险"的预感。

为了不用经常去使用我们那甚为麻烦的灭火措施，你将会在下面的章节中了解到，什么能够帮助你的孩子保持安静和满足。鉴于前三个月是勉强才能建立起一个类似孩子生活规律的时期，接下去的建议也会涉及这些基本生活的方方面面。

哺乳或喂食规律的小贴士

吃奶状况关系到宝宝的发育，是妈妈们最关心的事情，宝宝拒绝吃奶或体重难以增加最让妈妈忧心忡忡。对于第一个孩子，许多母亲无法确定是否能顺利哺乳。要是有其他不利的情况再掺和到这不确定感中，比如说宝宝总是昏昏欲睡或不爱吃奶，医护人员态度不友好，或孩子的父亲不喜欢母乳喂养[1]，都能让刚刚启程的母乳喂养戛然而止。当一个小婴儿愿意拿起奶瓶时，一个忧虑也随之消失，然而因为没能用母乳喂养自己的孩子，母亲心里

---

[1]最新调查表明，母亲采用母乳喂养时间的长短常常依赖于孩子父亲对此的态度。

的创伤却难以磨灭。

于是，营养这一主题成了婴儿出生后前几个星期的焦点，也让"宝宝到底吃饱了吗？"这一疑问达到巅峰。因此，也就难怪这一主题除了从纯粹的生理方面看是重点，同样也是心理方面的重中之重。

哺乳或喂食也是你和宝宝关系中首项重大的"互动工程"。如同成功的互动一样，需要双方的良好合作。这有点儿像跳舞，即使其中一方是天生的舞蹈家，如果想和舞伴优美地完成华尔兹回旋，也要细心配合另一方。跳舞的时候，恰恰是我们所在意的人更能给我们带来压力。如果是和陌生人跳，自然不会让人有过多的期待。但是，如果是和共度此生的伴侣跳，很可能就会希望拥有完美的共舞之乐。

对待自己的孩子，特别是第一个孩子，我们会有相当类似的体验。就我的经验来看，往往正是母亲，因为在怀孕期间承受着特别大的压力，就会无论如何也想要母乳喂养。宝宝们的反应则是（归根结底如同每一个生命）会对任何一种压力形式表示抵抗。当妈妈们——仿佛要抵制"她们是否真的能够成为完美的妈妈"这一不确定感，而采取针锋相对的措施——试图通过成功哺乳来证明自己的时候，此种压力尤其会加大。现在，一个自我加压的"超级妈妈"偏偏碰上一个慢节拍的、不太爱吃奶的宝宝，就会变成在舞池里跟跟跄跄的表演者：一个生拉硬拽，一个不予配合，成了二者的互动形式。如果二者在这一切不快之外，还碰到一个没能为人着想的舞蹈老师，站在一边与其说施以援手，不如说不能确信或者索性打退堂鼓（这里指的是医院护理人员），那么一个也许只是短暂出现的、困难的互动模式——哺乳问题，便会恶化成一种长期的关系形式。而此类心理方面的原因，不但加重了喂奶的困难，也妨碍了完美的亲子关系的发展，对这一点还将会在第三章"亲子关系的意义"中予以说明。

说到底，大多数妈妈都从哺乳开始其喂养生涯。数据表明，出于种种原因，大约 60% 的宝宝在出生 3 个月后，至少偶尔会用配方奶喂养。那么这 60% 的宝宝的妈妈们，都和自己的孩子关系不好吗？多年的经验让我确信，哺乳本身并不是母子和谐关系的保证。在日常工作中，我们会看到纯母乳喂养的宝宝，他们的母亲在种种状况下没能做到和宝宝建立起一种生动有爱的关系。相反的，也有母亲和宝宝有着真诚贴心的关系，尽管宝宝因不同缘由而使用配方奶喂养。

让我们再用跳舞举一个例子。对有些妈妈和宝宝来说，一曲要求有很多亲密接触的"浪漫华尔兹"更适合他们，但对其他人来说，需要保持更多身体距离和自由空间的摇滚更能让他们感觉舒适。宝宝对于你是否喜欢和他待在一起是能够感受到的，而这也正是真正能让他们感受到爱与保护的关键，而不是喂养的形式。

如果我们要求一个天性需要更多自由空间，很可能也寻觅了一个相似伴侣的母亲做到 24 小时对孩子全身心投入付出，这对母子关系而言并不合适。很快，这位母亲就会自觉或不自觉地对孩子产生攻击性，也许，那些无意识的冲突也会经由产后抑郁症爆发。就和不同的夫妻有不同的相处之道一样，母子关系也没有固定的法则——认为哺乳是获取营养的至善之道以及与孩子建立关系的唯一途径。

▶ **如果双方都愿意，母乳喂养当然有益于母子亲密关系的建立。但是，你用奶瓶同样也能给予孩子爱与保护！**

让我们再次回到这个问题，就喂养婴儿这一主题而言，什么建议应被采纳？我们在这里会区分母乳喂养的宝宝和配方奶喂养的宝宝，因为两种喂奶方式各有短长，也会引发完全不同的问题和疑惑。而"如何帮助在喂奶中开始哭闹的宝宝"这一中心问题，则会在最后予以解答。

母乳喂养宝宝的小贴士

母乳喂养本身是最实用、最简单的喂养宝宝的方式，同时还可以增进亲子关系[1]。然而，这一开始也会有许多的障碍要克服。这些障碍一方面在于那不怎么舒服的乳房变化，另一方面在于如何能和宝宝协同合作。

关于母乳喂养，除了关心宝宝是否吃饱之外，人们最初反复讨论的还有"宝宝要吃几次奶"。对此历史上曾出现两大派系。德国后六八运动的预见性观点认为：宝宝在想吃奶的时候就应该吃。但在此之前，严格的"4小时哺乳法"却流行了几十年之久。最终，"按需哺乳法"在产科医生和儿科医生那里得到了实施。

第二派专业人士却建议循序渐进地形成哺乳规律，无须对宝

---

1 这对宝宝来说是这样，对母亲更是如此！大自然已经巧妙地设定，哺乳时通过改变的荷尔蒙分泌（提高氧气分配）既能让人尽可能少受不规则睡眠的疲倦困扰，也能减轻精神负担。这一高度保护能让人感觉轻松，而许多母亲一直要到停止哺乳后才会察觉。

宝的每一次哭闹都予以回应。这一观点以专业知识做支撑，认为持续哺乳会引起绝大多数的宝宝肚子疼，而有规律的哺乳则能帮助宝宝培养起良好的饥饱意识。只有宝宝吃饱了，较长时间的睡眠才能得以实现。

我的经验与后者一致，喂养规律的形成要妈妈和宝宝共同参与。但是，我们必须要把"喂多少次"这一主题划分为 3 个阶段，因为每一阶段都有不同的"法则"。

1. 母乳正式到来前。

2. 母乳正式到来后。

3. 宝宝出生大约 2 个星期后。

1. 母乳正式到来前。

在产后的这段时间，只要宝宝醒了，妈妈就应该给他哺乳，而频率大都不会超过每 3 小时一次。由此，宝宝能够获取充分的初乳——富含抗体和营养的初期母乳，并能通过吮吸刺激母乳的分泌。一旦宝宝开始吃奶，一个重要的、但也伴随着疼痛的现象便会出现：子宫收缩。因此，在宝宝出生后最初的 2~3 天中，我们既不应该给他提供安抚奶嘴，也不应该给他提供奶瓶，婴幼儿茶杯同样也不适用。

2. 母乳正式到来后。

妈妈的奶水太多或是太少，在这个阶段会因人而异。由于宝宝在奶水充足的妈妈那里可以真正吃饱，因此形成两次哺乳间隔 1.5 小时的规律较为合适。通过这么做，宝宝能够学会真正吃饱，不久之后会变成每隔 3 小时吃一次。那么，大多数宝宝就能做到在一天中差不多一口气睡 5 小时。在母乳正式到来的这几天中，请让宝宝轮流吃两边乳房或者吃涨奶厉害的那一边，从而防止严重涨奶。假如宝宝在哺乳时一再睡着，你可以通过捏耳朵、拍嗝或换尿布来让宝宝保持清醒，以保证他每一顿都吃饱。

奶水不足的妈妈们只要乳头能承受，就应该让宝宝多多吮吸，因为只有吮吸才能刺激母乳分泌。

3. 宝宝出生大约 2 个星期后。

现在有两件事发生了改变，根据我的经验，很少有专家对此提及，但妈妈们却经常惊讶无比：乳房突然变得柔软了，看上去变小了。同时，母乳的组成成分也发生了变化。

第一点变化妈妈立刻就能察觉，也引起了担忧——自己奶水变少了，但实际并非如此。因为"天性"更多是根据实际需求来调整，你无须分泌过多的奶水造成浪费。想一想，产生奶水需要消耗多少热量——每日可达 500~800 卡路里——那么这个调整可谓合情合理。

然而，对于母乳的组成成分发生变化，只有当你有一个敏感宝宝（突然在人生第三周时吃完奶就开始肠绞痛）的时候，你才会意识到。在此之前，奶水还是混合着初乳。现在，母亲开始分泌所谓的有止渴作用的前乳（富含乳糖），在持续吮吸 10 分钟后，才开始分泌能让宝宝吃饱的后乳（富含脂肪）。

▶ **重要！宝宝至少应该在一边乳房吃大约 10~15 分钟奶，这样才能获取富含脂肪的后乳。**

许多母乳喂养的妈妈不知道这一事实，让她们的宝宝在一边乳房吃了 5 分钟后就立刻换到另一边！结果就是，宝宝没能吃到富含脂肪的后乳，很快就会感到饥饿而需要再次哺乳。第二个令人不快的副作用在于，只吃富含乳糖的前乳容易造成宝宝的肚子胀气。而更重要的一点则在于，由于宝宝一直处于半饥半饱状态，从来没能充分吮吸一边的乳房，去获取能填饱肚子的后乳，所以他也就总是喂不饱了。

▶ **哺乳间隔保持在至少 2 小时，最好是 2.5 小时，是合适的做法。**

对奶水充足的妈妈们来说，宝宝吃一边乳房就已经足够。请务必让你的宝宝先在一边乳房好好吃 15 分钟，然后换到另一边。宝宝如果不想吃，或只吃了几口就停，那就表示他饱了。宝宝在第一次感觉吃饱后经常会稍作休息，此时你可以帮他拍嗝，然后接着喂。下一次哺乳则应从上一次才喂就停止或是没有喂过的乳房开始。

对于那些奶水不足的妈妈来说，在大多数情况下就需要用配方奶作为补充了。但是，为了促进奶水分泌，你还是应该先哺乳，然后再给宝宝喂配方奶。如果你的孩子在哺乳时经常哭泣，表现得不满意，但是一用奶瓶喂他就安静下来的话，那么你要考虑一下，亲喂作为一种喂养形式对你和孩子双方而言究竟能带来多少好处了。

然而在成长期间，可能发生这样的情况，你的宝宝吃一次奶不再能坚持 2.5 小时，而是想要频繁地吃奶。对此，你能通过宝宝着急地寻觅，在轻触其脸颊时咬你的手指察觉出来。但是，即使在这样的时候，你还是应该保持至少 1.5 小时的喂奶间隔。

配方奶喂养宝宝的小贴士

配方奶喂养主要是为这些妈妈们服务的——对她们来说，准确知道宝宝一顿要吃多少奶十分重要。一个婴儿是不是吃饱了或者是不是又饿了这个问题，能够通过奶瓶上的刻度回答清楚。如果可控性在妈妈看来非常重要，那么为了轻松起见，对她和宝宝而言用奶瓶喂养毋庸置疑是最好的喂奶方式。比起一个经常心存疑虑的妈妈，宝宝当然更希望拥有一个放松而满足的妈妈。

配方奶喂养具有一个非常大的优点：促进父子关系。这让爸爸能在一开始就和宝宝建立互动关系，比起换尿布或是抱着哭闹的小家伙走来走去，喂奶也让大多数爸爸觉得更有趣。就我的经验来看，由于爸爸没有妈妈那种"饥饿恐慌感"，所以他在喂奶时更多凭借的是感觉而非看奶瓶上的刻度。一个积极用奶瓶喂奶的爸爸，很快也能成为一个"婴语翻译官"，去回答"我们的宝宝为什么在哭？"这一问题。比起那些只能换尿布或抱着宝宝走的爸爸，这些用奶瓶喂养的爸爸能树立更多的作为父亲的自信心，也能把喂养宝宝坚持得更久。因为他们知道，他们同样能够对宝宝起到重要影响。

然而，可控的喂奶方式也有不足，即喂奶人在喂奶的时候不去注意自己的宝宝而是更关注瓶子上的刻度。于是，理解那些宝宝发出的复杂信号的动机也会消失。以个人经验而言，用奶瓶喂养的妈妈在理解宝宝发出的信号方面困难颇多，因为她们不必对此过多关注。有些时候她们可以将喂奶任务分配出去，因此"无须"一直和宝宝待在一起，然而这也显示出双刃剑的另一面，即常常不能很好地理解宝宝的反应。特别是对于爱哭闹的宝宝，了解在其哭闹前发生了什么尤为重要，比如说孩子是否已经好久没睡或没有吃奶，或者是不是发生了太多事情让他不堪承受。如果在照顾宝宝的过程中只是走一定的流程，那么你就很容易遗漏重要的信息，从而加重宝宝的焦躁不安。由此可见，尽管配方奶喂养作为可控的营养补充减轻了妈妈们的一些负担，但同时也削弱了她们"读懂"婴儿的能力。

　　使用配方奶喂养的另一个缺点是针对宝宝本身的，如果爸爸妈妈出于担忧觉得宝宝吃得不够而施压的话，在一定情况下，就会强迫孩子吃过量的奶，而亲喂则不会出现这样的情况。

　　那么，就配方奶喂养的吮吸技巧而言，有什么需要注意的吗？许多讲究和疑问在这里基本不存在，因为归根结底没什么可以错得离谱，人们通常容易犯的错误是为缩短"喂奶时间"去扩大奶瓶的奶嘴流量口径。

▶ **请你绝对不要扩大奶嘴流量口径！应付不自然的大量奶流对小宝宝来说非常不舒服，也会导致宝宝吸入空气引发胀气。**

　　恰恰在喝奶较慢的宝宝那里，人们会尝试着这样做，这可真是搬起石头砸自己的脚。你这么做不会给宝宝带来任何好处：原因之一是，宝宝需要一定的时间学会吮吸，好让自己觉得舒适，并且不会呛奶。对有些宝宝来说，这种享受型的吮吸会持续比较长的时间；另一个原因是，由于宝宝的吃奶需求提高，过度喂养以及长期打乱宝宝饥饱感的危险便会随之发生。

　　与扩大奶嘴流量口径有相同副作用的做法还包括不遵循正确的奶粉喂养量。和母乳相比，配方奶由于含有更大的脂肪分子和蛋白质分子，较难吸收。如果一个过度喂养的宝宝肚子里还有"奶块"，那腹痛和哭闹自然难以避免。重要之处还在于，你以何种姿势给宝宝喂奶。宝宝们既需要身体上的营养，也需要情感上的营养，从而才能茁壮成长。大自然为此做了很好的设计：情感上的营养建立在身体和眼神的接触上，通过"哺乳姿势"得以理想地实现。

▶ **尽量只在把宝宝抱在怀里的时候喂他（而不是在小床或是婴儿安全座椅中）。**

请你务必给喂奶留出足够的时间，以一种轻松的心情喂养宝宝，而不只是简单地完成喂奶的任务。"爱从胃中流露"，我们每个人都从自身经历中体会过这一点。如果我们接过伴侣或父母在心情愉悦时递上来的可口饭菜，当然比在沉闷繁忙的公共食堂里，看着食物"啪嗒"一声掉入盘中更觉得愉快而感到被爱。这不是说你应该整天看着宝宝，而是说你要去营造安静有爱的氛围，让宝宝（想想一天中喂奶的好几个小时）也能感受到。给宝宝喂奶的时候，如果电视里放着妈妈最爱看的节目，自然能让妈妈的心情更加平和。但是，多数情况下，喂奶应该避免在令人分心和有噪音的环境下进行。如果我们是宝宝，在这种环境下自然也不会觉得舒适。

再补充一点小小的说明：因为直到今天，对于微波炉会在何种程度上对蛋白质及维生素造成改变或破坏，还存在着争议，因此，在热水瓶里备好热水用来快速冲泡奶粉，就比把事先冲泡好的奶放到微波炉里加热要更负责任。也许你现在不以为然，因为你在医院中见过类似后者这样的操作。但是，那只是在宝宝生命中短短的几天时间里，因缺少人手才迫使产房和新生儿房使用的做法，你自然不会认为它有什么坏处。但对宝宝的整个居家生活而言，我们不应该在为他准备食物方面节省时间和心力，而对自己却不是这样。

怎样安抚在喂奶时哭闹的宝宝？

在我们进一步着手研究帮助措施和小贴士之前，先以"为什么宝宝会在喂奶时频繁哭闹"的几则信息开始。

这个问题对于瓶喂的婴儿如此，在亲喂的婴儿中差不多同样常见。在这里，我们可以分析出两个原因，而这两个原因会经常互相作用。一个原因是已经提到过的胃结肠反射，即食物一旦进入胃中，大肠就开始收缩，从而开始工作，这收缩让一个敏感的宝宝觉得好似被重击一拳。另一个原因在于，出于种种情况，在喂奶过程中，宝宝和妈妈之间产生了紧张的气氛，这种气氛让敏感的宝宝哭闹起来，拒绝吃奶。

按次序先说说第一个原因。正是在最初的 3 个月中，许多宝宝的消化系统还尚未成熟。但不幸的是，几乎所有的消化系统都会在进食时被激活。胃结肠反射还要为新的营养摄入腾出位置，好让宝宝排泄（母乳喂养的孩子排尿）。腹部收缩还会带来对宝宝而言很不寻常的排便体验，有些宝宝自然不堪忍受。因此，如果你的宝宝在喝奶时偶尔哭闹的话，在出生后 3 个月内是非常正常的。但是如果哭闹超过 4 个月的话，建议你去医院寻求帮助，看看有没有其他因素造成宝宝吃奶时的紧张。在接下来的章节里，我们会就这一主题根据宝宝的月龄段着手分析。

许多父母感到困惑，为什么宝宝一开始还安静地吃奶，可过了几分钟忽然开始哭得伤心不已。随之一大轮猜测开始，比如是这次吃奶吃得太少了吗？这很少见，但有时确实如此。看看孩子的体重是否有规律增长就能很快回答这个问题。如果你决定购买婴儿秤，顶多一天称一次，因为所有多余的举动都会让你和宝宝很快陷入紧张的循环，而过度的精神紧张往往会影响母亲的产乳量。有时，宝宝也会因为吃得太多而开始哭闹。如果妈妈奶水充足或者奶嘴流量口径太大的话，过大的奶流量可能造成孩子紧张。在这种情况下宝宝会转过脸去，你可以让多余的奶水流走，或者甚至挤出一些，这样可以让宝宝吃得轻松一点儿。对于增加奶嘴流量口径的"副作用"，前面我们已经说过，不再赘述。

最常见的哭闹原因是给宝宝造成麻烦的胃结肠反射，也就是肚子疼。如同我们在第一章所说，这经常会引起父母和宝宝之间的信号误解。但是我们可以区分这两种形式。

1. 普通的喂奶时间：宝宝开始贪婪地吃奶，但是过了几分钟后就开始伤心地哭泣，乱蹬小腿。

2. 在上一次喂奶后大约 1 小时：宝宝哭了，匆忙寻找着什么，乱蹬腿。如果抱在怀里，他只喝几口就好像要离开乳房似的哭泣、蹬腿等等。

在第一种情况中，我们的宝宝真的是肚子饿了，但是却因为开始活跃的胃结肠反射感到疼痛。在第二种情况中，我们的宝宝很可能有胀气和肚子疼，想通过吮吸安抚自己。因为他只是想吮吸，却不想真的吃奶，所以不断离开乳房，仿佛不是想吃奶。

▶ **消化过程中，宝宝经常在喝完奶大约 1 小时后开始肚子疼，匆忙寻找乳头这一行为让人很容易和饥饿相混淆。**

针对这两种情况，最明智的做法是中断喂奶，让宝宝打嗝，最好把宝宝翻转成俯卧状态，将他两只手臂放在肚子下。肚子上受到压力和改变成俯卧姿势大多能很快让哭闹终止。对一个肚子饿了的宝宝，你可以使其躺好继续喂奶；对一个肚子痛的宝宝则提供安抚奶嘴更好——在这种情况下，宝宝大多也很乐意接受。

如果宝宝一直拒绝使用安抚奶嘴的话，请你抓住宝宝明显想要吮吸的时机不断尝试。最好能把宝宝抱在怀里，伴以"嘘"声哄着走动。让宝宝的身体处于稍微竖直的姿势能减轻他的肚子疼，而你围拢的手臂使得安抚奶嘴也不会那么容易掉落。

但是，如果宝宝真的饿了，而安抚奶嘴让他失望的时候，我们又该怎么做呢？请借助日程记录表（见附录）快速检查一下距离上次喂奶的时间，再做接下去的测试来验证宝宝需要什么：如果真的饿了，宝宝会满足地吮吸乳房，随即安静下来；如果肚子疼，宝宝吮吸一会儿后，会仿佛无法含住乳头似的再次哭泣，寻找，再次吮吸，再次哭泣，吸入空气，哭泣……周而复始。

▶ **一个常见的错误在于，对一个实际上是肚子疼的宝宝，还强制性地继续喂奶。**

以及：

▶ **恰恰对于爱哭闹的宝宝，人们会更频繁地试图用喂奶来安抚他们，而这一举动会把一切变得更糟。**

在第二种情况下，许多妈妈会一再尝试给宝宝喂奶，让哭声进行到底。很快，在喂奶时就会生出类似对抗的情绪和痉挛，让人恨不能立刻结束喂奶。一个情绪太过激动，显然不愿吃奶的孩子，即使被长时间地"逼迫"吃奶也无济于事。

陷入如此循环的妈妈会感到巨大的痛苦和压力。出于自身不能完全理解的种种原因，她不相信宝宝有知道自己想吃多少的能力，而这一信任，在幼犬那儿她却会毫不迟疑地给予。根据我的经验，这往往是因为妈妈自身有饮食方面的问题（比如说对饥饱没有正确的感觉），又或者说有一种根深蒂固而不自觉的担忧，忧虑孩子是否吃得足够多，而这两种原因往往会"不幸地"互补。

在第一种情况中，过分的控制欲尤其会让妈妈把每日预设的必做计划"塞给"孩子。不幸的是，有些出于好心的儿科医生，恰恰会针对那些不好好吃奶的宝宝，建议妈妈们这样做，由此恶性循环变本加厉。而"担忧不能成为真正的好妈妈"这一情况的出现，大多是因为当事者本人未曾体验过母亲的亲近和关心。一个脸颊红润、极爱吃奶的宝宝正是自己大大善待孩子的明证。这个孩子终于能够"得到足够多"。与其说这"得到足够多"下面隐藏的是多少毫升的奶，不如说是妈妈自身情感上渴望"补充营养"，对此，许多当事人却没有意识到。在关于亲子关系这一章中（第161页），我们还会把宝宝给爸爸妈妈带来的形式各异的，往往也是令人深感困扰的情绪加以深入分析。现在，让我们进入宝宝的第二大人生领域：睡眠。

喂奶是妈妈和孩子第一个要共同完成的任务。对妈妈而言，因为重视孩子的茁壮成长，所以喂奶也常伴随着巨大的心理压力。如果从前和自己的母亲曾有过不愉快的经历，这一压力则可能加重。为避免使人担忧的肠绞痛，在行为层面上以下几件事尤为重要：保持至少 1.5 小时（将来 2.5 小时）的哺乳间隔；亲喂母乳的宝宝让其总是吮吸至少 15 分钟，好获取富含脂肪的后乳；对于配方奶喂养的宝宝绝不能扩大奶嘴流量口径；如果宝宝在吃奶时哭闹，请区分是肚子疼还是饥饿，并做出相应的举措。

睡眠规律的小贴士

如同我们在第一章中已经知道的，所有爱哭闹的宝宝归根结底也有睡眠问题。因为这些孩子大多难以"断电"，常常因白天睡得太少而很快陷入完全的过激状态，这自然会引起更多的哭闹。

这一奇怪的因果关系在大一些的孩子和成人那里能够见到，在小宝宝身上也能观察到：一个人越是疲倦，越是过分激动，也就越睡不好。这就证明了让孩子白天少睡，尽可能在晚上多睡的主意，结果往往适得其反。

▶ **宝宝越是疲倦，就越难以"断电"和入睡。对此，请你在宝宝第一个疲倦信号出现的时候，就帮助他入睡。**

一个宝宝能够睡足，变得稳定而获得内在平衡，是多么重要！如果我们再次回忆一下小船的例子，想想宝宝在前三个月中如何脆弱，这一点就显得尤为重要了。而恰恰是身为新手父母的你，定会在此时亲身感受到那因为缺觉而出现的受刺激和不稳定。现在，如果你还记得第一章中提及的基本规则——宝宝在这个阶段最迟要在醒后 1.5 小时再次睡觉（第 2 页），那么下面这些内容很有帮助。

怎样帮助 0~3 个月的宝宝入睡？

对于 0~3 个月的宝宝，所有的哄睡手段都可以，因为在这个阶段，宝宝能够有规律地睡觉，不因过度刺激而陷入哭闹，实在是太重要了。

如"父母的安抚尝试和正确时间点的问题"这一段（第 10 页）所述，绝大部分父母会试图分散越来越不安的孩子的注意力，让他不要再呻吟或者哭泣。这种分散注意力的做法效果如何，想必你已亲身经历：短暂奏效后，孩子的激动指标上扬得更高，最终以不可遏制的哭闹结束。

由于一个幼小又特别敏感的宝宝很少能自行在小床上入睡，所以如果他感到疲倦，那么你完全可以用各种手段让宝宝入睡变得轻松。实际操作是这样的：先辨识宝宝的疲倦信号（比如打哈欠、越来越多的哼哼唧唧——附录中的日程记录表能够在你未记清楚的情况下有所帮助），随后将宝宝抱入怀中，轻轻摇动，给他安抚奶嘴。大约 20 分钟后，你的宝宝进入深睡眠阶段，你就可以把他放到小床上了。对于特别爱哭闹的宝宝，在他开始大哭特哭前，做到辨识其最早出现的疲倦、饥饿、孤独等其他不适的信号，是十分重要的。这些信号来得很快，而且往往没有特别的预兆，对此你一定有亲身体会。

▶ 把宝宝从哭闹不止中拯救出来，比细心观察他何时会开始哭闹要困难得多。

现在，有些频繁哭闹的宝宝只会发出极不明显的疲倦信号。如果你刚出生的宝宝恰好属于这一类，那么借助附录中的日程记录表，建立相隔 1.5 小时的清醒规律便显得十分有用。如果吃饱的宝宝此时感到不安，哭闹起来，在大多情况下他是想睡觉了。

现在，让我们这样设想，你在哭闹发生前及时捕捉到了宝宝发出的信号，并能做到哄他入梦。很好！请对宝宝的疲倦信号保持清醒，你将凭借越来越少的哄睡手段——抱着、摇动和安抚奶嘴等——也能让其顺利入睡。最迟，在你的孩子差不多三四个月大的时候，他很可能就可以独立入睡了。

那么，在已经发生哭闹的情况下，该怎么对待一个看上去已经无法安抚的宝宝呢？对于一个疲倦的宝宝，除了让他睡觉没有别的选择。现在你要尽己所能，让宝宝有规律地睡觉。你自然可以在每一次哭闹时把宝宝放入车中，开车兜风帮助其入睡。但是，这种对所有人堪称辛劳而且有违环保理念的入睡方法，是不太适合日常生活的。

让我们再看一下哄睡的进阶做法，你可以根据不同的"紧急情况"从中选择。

在所有做法中，你都应辅以能给予安抚的"嘘"声。

1.使用安抚奶嘴。将布放在宝宝的额头和眼睛上，以此来安抚他。宝宝最好侧卧，像是睡在紧紧围拢的小鸟巢中。

So beruhige ich mein Baby

2. 你在宝宝小床附近活动。

3. 你自己坐着将宝宝抱在手上摇动。

4. 用喂奶的姿势抱着宝宝走（竖直的姿势会给宝宝带来太多新的刺激）。

5. 按照 4 来做，再用布遮住宝宝的眼睛。

6. 使用背巾，让宝宝挨着你的腹部躺着。

7. 用背巾抱着宝宝走来走去，给他安抚奶嘴，并伴着"嘘"声摇动。

8. 把宝宝放在婴儿车里轻摇。

9. 推着婴儿车散步（用布遮挡宝宝的脑袋，特别是眼睛）。

10. 开车带着宝宝兜风。

接着，你可以在大约 20 分钟后，将睡着了的宝宝再放到小床上。这时宝宝处于深度睡眠状态，碰到床后不会立刻像被毒蜂蜇了似的跳起来。将宝宝以侧躺的姿势放下很重要，因为仰卧的姿势与坠落相似，宝宝会受惊并做出莫罗反射动作。如果宝宝在背巾中睡着了，那么请让他继续安睡，你可以将背巾解下来，一端固定在床栏上，让宝宝觉得自己仍然在背巾中。

你已成功地将宝宝送入梦乡了，现在你精疲力竭地往沙发上扑通一坐，满心期望能好好休息一会儿。可过不了 15 分钟，宝宝再度醒来。这一不合算的入睡过程（即使是爸爸也会碰到一次）——大费周章却只换来宝宝的短短安睡——可惜对小宝宝来说却是再典型不过。你可能也有这样的经历，如果把宝宝抱在手上，他就能睡更长时间，对这么大的宝宝而言也是正常的。处在这个阶段的宝宝就是需要很多很多的身体接触，好让自己放松下来从而睡得久一些。

78

由此也就显而易见，为什么频繁地带宝宝出门会给敏感的小婴儿带来困扰了。这里存在两件同样具有副作用的事情：由于新的外界刺激而导致的刺激过度，以及频繁使用婴儿安全座椅而难以进入深度睡眠阶段。宝宝们往往不是在你做这做那的过程中哭闹，而是睡得正香，却被你从安全座椅中抱出来的时候才哭得伤心。如果一个小宝宝可以自行决定生活日程，他更愿意选择坐婴儿车出门，你也可以通过把婴儿车放在阳台上来代替外出散步，除此之外，就是长时间地待在爸爸妈妈怀里。这种被迫过无聊而无所改变的日常生活，对孩子的母亲意味着什么，我们将会在本章最后做一些论述。

这是婴儿期需要遵守的规则：

▶ **请你只在重要的特定时间，才去叫醒宝宝，并且尊重宝宝在日常作息中的睡觉时间。**

帮助孩子维持内在平衡，比把宝宝展示给亲戚或带着他匆忙来一次本可以推迟的购物之行要重要得多。身为父母，"顾及他人感受"将会回报你一个平和而满足的宝宝，而这样的宝宝最终会为你们的共同生活免去许多辛劳。刚出生不久的宝宝还睡得相对频繁，所以父母可以做好计划，比如说外出购物计划。请你把那也许刚刚在怀里睡着的宝宝放入婴儿车，或在你准备要做什么事的时候，先让宝宝在婴儿车里打盹。然而，这对 0~3 个月敏感宝宝来说理想的日程在很多家庭里却难以实现。对此请你把一定要完成的任务——在必须带着孩子的情况下——最好安排在上午，因为这个时段中的宝宝要更安定一些。

在最初的 3 个月中，你没有必要只穿着袜子，踮着脚尖在屋子里走动。小婴儿具备很好的听觉刺激保护，来保证他在一个普通的背景噪音环境中依然还能安睡。一直要到宝宝四五个月大之后，如果你把已经形成白天小睡规律的宝宝放入安静的房间，他才能明显睡得更好。

在白天为保证睡眠时间而把宝宝的房间遮暗，不仅没有必要，甚至会适得其反。小宝宝们正是通过明暗来形成稳定的日夜规律，而这一规律对其做到夜晚尽可能不受干扰地睡眠至关重要。

黑暗提示孩子的大脑进入较长时间的深度睡眠状态，从而促进大脑的发育和修复。

然而，如果你不属于那些早起者的行列——早晨 5 点就能离开枕头一跃而起，那么把宝宝的房间尽可能遮暗则会很有帮助。不然的话，第一缕阳光就会在宝宝那儿激发褪黑素效应——大脑会被通知，现在已是白天，睡觉时间结束了。

▶ **把房间遮暗和将宝宝转移到父母床上常常能为所有人"挤出"两小时的早上睡觉时间，你可以很好地利用它来恢复日常所需的精力。**

重要之处在于，请你不要在白天使用这一策略，因为这样做的话，孩子无法学会把长时间的睡眠放到晚上——即便你为了避免精疲力竭，尝试让宝宝通过这个方式无论早晚都能睡得长。人类的天性以交替为生，做不到把 24 小时的日夜规律简简单单地"骗过"。宝宝只会觉得迷惑不解，而不会在白天真的睡得更长。

清晨的时候把宝宝放到父母床上，这么做的原因可想而知：

当幼小的宝宝在父母身边时，他们会感到受到更多的保护，这一安全感延长了他们的睡眠时间。爱哭闹的宝宝大多睡得太少，而因睡眠太少产生的过度刺激，则会让他们再度哭闹。恰恰是这些必须要睡觉的宝宝们，很难做到隔离外界，顺利入睡。请你注意到宝宝的第一个疲倦信号，并及时帮助其入睡。请使用日程记录表作为辅助，注意让孩子最迟在醒后 1.5 小时再次睡觉。根据具体情况，针对宝宝的兴奋程度运用不同的助睡手段，既不要做得太少，也不要做得太多。只有在特殊情况下，才把宝宝叫醒，避免做那些打破其睡眠规律的事情，比如在白天睡觉的时候，遮暗孩子的房间。

日常作息的小贴士

现在，我们将会在这一章节，把所有提到过的建议归纳为一个整体，好给你指一个方向，去了解怎么做才能让宝宝的日常生活变得使大家都满意。你可能奇怪做这些还需要一个类似"使用说明"的玩意儿。但是，根据我的经验，许多家庭的行事方式，特别是在对待第一个宝宝的时候，爸爸妈妈就像是整天随波逐流的浮木，他们其实特别渴望找到类似框架的可靠东西。可是，出于害怕独断专行，爸爸妈妈期望宝宝能预先确定这一框架。假如我们再次把自己设想成小宝宝，并回想小船的例子就会明白，这一期望会让整个家庭"沉浮不定"也就合情合理了。

这也不是说要让爸爸妈妈在照顾宝宝的过程中束手束脚、循规蹈矩，比如 20 世纪 60 年代被普遍采用的"4 小时哺乳法"，而是要创造出一个框架样的东西，就像衣帽间一样，使你可以在里面有条理地收纳物件。让我们用衣架做例子，它就给你提供了把衣服整洁挂好的可能（隐喻父母和宝宝的互动行为），而不是把一堆衣服扔到地上。现在，我们先要设计好这个衣帽间，也就是日常作息规律，接下去才能给衣帽间每个储物格都留有足够的空间——也就是说计划好和宝宝的互动活动。

　　要总览孩子的日常作息规律，日程记录表（参见附录）可谓助益良多。在我们设计日常安排之前，先观察表上 1~2 天的记录，弄清你的宝宝目前有哪些吃奶和睡觉的习惯。在日程记录表的说明中，你能找到关于吃奶、睡觉和哭闹时间的各种标记，你可以把它们写到记录表上。如果你现在看到的是随机而没有规律的吃奶或睡觉时间，那么我们就可以从这第一步开始。

▶ **宝宝日常生活中的第一个固定时间点是吃奶时间。请努力保持每次喂奶间隔至少有 2 小时（最好是 2.5 小时）。每次喂奶时间不应超过 45 分钟，否则喂奶时间就会和睡觉时间混淆。**

　　恰恰是那些母乳喂养而又特别爱哭闹的宝宝，会把（持续）吃奶时间转变为哭闹和短短的打盹，于是宝宝的日常生活常常被哭哭啼啼所占据。他们经常既吃不饱，又睡不好，大多时候哼哼唧唧个无休无止。在这一类情况中，有规律的喂奶会减轻宝宝的痛苦，特别是有肠绞痛的宝宝。宝宝由此能够学会真正吃饱，而吃饱是长时间睡眠的前提。这并不意味着，你一直要等待 2.5 小时才喂你的宝宝。但是，原则上应遵守大约 3 小时的间隔，而即使是母乳喂养的宝宝也能做到这点。例外总是存在的：如果在孩子的快速成长阶段，特别是宝宝出生后 6~8 个星期以及大约 3 个月的时候，你感觉到宝宝比以往饿得早，或者说上一次进食时没有吃那么多，那么建议至少间隔 1.5 小时，并尽快再次回到正常的节奏中。

▶ **第二个固定时间点是睡觉时间。宝宝在前三个月中应该最迟在清醒 1.5 小时后再次入睡。**

你刚刚才读完关于宝宝睡觉的章节，想必对让宝宝睡觉变轻松的方法已了如指掌。一次有规律的睡眠，即使只是短短 1.5 小时，也意味深长，宝宝能借此保持稳定和满足。

好了，我们拥有了自己的衣帽间！在前三个月里，我们真的无须更多的固定时间。借助日程记录表你能看到，什么时候宝宝感觉良好，什么时候保持稳定困难得多。根据"基本规律化"，宝宝的睡眠时间极有可能从早上一直持续到下午，在这期间也没有明显的哭闹。而午后较晚的时间，比如说傍晚时分，则会被标以越来越不足的睡眠和越来越多的哭闹。在绝大多数情况下，一个"正常"宝宝的作息规律看上去就是这样。

就算是不太哭闹的宝宝，也会在夜幕降临时感到不安，因为他在白天玩累之后，思维有些放空，就同大一些的孩子和成人一样。可惜在这段时间，难以入睡甚至完全不能入睡成了他有代表性的现象。在这里，你可以借助更"强大"的助睡手段，比如推婴儿车外出散步或是使用背巾。

▶ **请你根据时间和宝宝的情况选择助睡手段。**

也就是说，请把最有效的帮助手段，比如推婴儿车外出散步或是使用背巾，放到下午和傍晚使用。

现在，我们可以着手一格一格地使用"衣帽间的储物格"了，让我们观察一下，宝宝什么时候愿意接收新的信息以及与妈妈交流？我们使用"互动"的概念，而这个概念用在宝宝身上，对很多爸爸妈妈来说，也许还显得有些陌生或者说独特。"互动"意为，两个生命携手进入同一对话。让我们想象一场乒乓球赛："乒""乓"——一个人把球打过去，另一个人打回来。如果一个人只是把球"砰"的一声打死，那么既不会有一场精彩的球赛，也不会拥有一个满意的比赛对手。然而在小宝宝那里，这种情况却经常可见。为什么？

一开始许多小宝宝的家长很谨慎地试图让宝宝免于哭闹，因此他们避开一些活动，但也很少会有这样的想法，去好好观察一下自己的宝宝，看看他们到底给出了什么信号。这一困惑不单单存在于父母那儿，既包括普遍意义上的大众，也包括儿童医生，人们都不相信小宝宝会感觉到疼痛（一直到20世纪60年代，新生儿的小手术还是在不用麻醉剂的情况下进行的），同样也不相信父母做的任何事情有意义。一直到后来，研究才证明，婴儿从出生伊始就主动（也想要）和父母接触。那么，现在有了宝宝的日常生活应该是什么样子？除了吃奶和睡觉之外，更重要的是逐渐让宝宝在有利时段去完成更多的事情。对此，我们应该区分有利时段和不利时段。

一日之中的有利时段

"有利时段"指的是这样的一段时间：在这期间，宝宝既不饥饿也不疲倦，情绪足够稳定而能承受一些额外的"负担"。请你这时也要避免连续做一堆事刺激宝宝，比如洗澡和剪指甲。如果宝宝抗议的话，把类似剪指甲这样不舒服的事情（在睡觉的时候剪指甲，导致宝宝一次又一次醒来）分次进行是明智的做法——宁可每天只剪三根指头的指甲，却能换来一个情绪稳定的孩子。请不要担心，这个规则只针对最早的婴儿期。对于一个小孩子，顺便说一句，行事规则完全不同。

▶ **如果允许，请将最费力、最不舒服的事情，比如洗澡、剪指甲或是换衣服，放到宝宝的有利时段进行。**

这段专心致志而惬意闲适的时间在一开始是珍贵的，因为它如此短暂。一直要到宝宝出生 5~8 个星期后，也就是当第一个有意识的笑容在宝宝脸上显现的时候，他才可以较长时间地清醒和集中注意力。特别是在喂奶后，他会聚精会神地凝望着自己的妈妈或爸爸。一开始只是几分钟，差不多 3 个月大的时候，小家伙就能较长时间地卖萌了。

然而，也正是在这个节骨眼上，家有哭闹宝宝的爸爸妈妈陷入了一个恶性循环：在经历了常常持续几个星期的"吼叫"之后，一旦他们的孩子安静下来，父母就高兴至极，而对宝宝则好似烫手山芋般避之唯恐不及。一位父亲曾表示："只要不碰他就好！"以此明确传达出一种回避的态度。哭闹宝宝对父母的要求是那么高，以至已经造成了父母和孩子接触过度。于是，"接触"在这一情况下大多指受挫的互动，也就是好几个小时的安抚尝试，最终却报以"吼叫"（爸爸妈妈的经历可想而知也是如此）。乖宝宝们（那些爱睡觉的宝宝）的父母在宝宝终于醒来的时候，热衷于与其互动，而哭闹宝宝的家长因为深受过度接触之苦，表现恰恰相反。因此，良好的互动，则很难通过上文提及的回避态度建立起来。

▶ **哭闹宝宝的父母需要的不是和孩子更多的接触，而是更多令人满足的接触。**

由于父母和一个爱哭闹宝宝的"关系账户"大多已出现赤字，所以他们迫切需要利用和宝宝美好的经历来"充值"。因为，避免接触和频繁地让保姆介入势必会造成亲子关系的隔阂，而隔阂感还会影响内心的愉悦。当然，并不是说无论如何都要在最初困难的 3 个月中置放成功联系的基石，而是应当调整好对待宝宝的心态：一个一开始就需要十分辛苦对待的宝宝，有时很难从这个既定标签中走出来。如同一个让人感觉辛苦的同伴，别人自然不愿靠近他，更别说是寻求更深的接触了。

▶ **对此，请你利用孩子的有利（做好接收准备的）时段，做第一次逗笑尝试和随意闲聊，好获取投入后的回报，特别是对你自己来说。**

人们几乎不可能抗拒一个朝人微笑着的宝宝。从经验来看，当父母有机会拥有这样的经历时（这样的时刻在困难的时段里也越来越多时），他们的"爱的温度计"的刻度就会迅速飙升。也就是说，母亲的心理如大自然的法则一样需要保持一定的平衡。

对此，当宝宝对父母做的事是"大喊大叫"时，唯有付出更多的辛劳才能培养出珍贵的感情，也就可以理解了。尤其是母亲，她默默忍受着折磨人的怀疑和负疚感，自己感觉对宝宝爱得还不够多。其实，她的所作所为都已经是一项巨大的爱的奉献：充满耐心，却常常毫无结果，甚至一天 24 小时精疲力竭地照顾一个哭闹的宝宝。投入如此之多，而孩子那一方却少有清晰外露的"爱的回应"，那么伟大的父母之爱（暂时）缺席，也就不难理解了。恰恰是父母们，本来需要一个阳光灿烂的孩子来作为明确的"表扬"形式，以证明他们的责任心，可他们却被一个小小的、敏感的哭闹宝宝折腾得备感挫折。当孩子的表现不尽如人意时，怎样正确处理和孩子的关系，将会在"父母的设想和愿望"（第 166 页）中再做深度分析。

▶ **请你注意，你每天都会多次遇到和孩子"心与心"相交的时刻。**

这里所指的是短暂的眼神交流，你和孩子在这样的眼神交会中能触及对方的内心。即使在压力最大的初始阶段，这样的时刻也应该至少在你和你的孩子之间每隔几天出现一次。我知道，保持内在平衡很难，一切也都显得极其短促。但是，不错失这样的接触，对你及孩子以后的成长同样重要。

回到我们和宝宝的日常生活。现在，我们把他清醒的和愿意参与活动的时间都用于聊天来认识彼此了。这是因为，原则上一个小婴儿就如同其他人一样，是一个在不久前才进入我们生活的陌生人。以后，我们可以和宝宝一起完成一些大费周章或是不太舒适的事情。至于眼下，我们怎么做才能最有效地利用宝宝那常常很短的睡觉时间呢？

▶ **听起来理所当然，可却几乎没有实现过：请你将这段时间用于真正的休息，或者说完成你的义务。**

　　这个说法可能听上去有点儿荒诞，但是从经验来看却大多如此：爸爸妈妈虚度了这往往十分短暂的安静时间。在一天之中，这段时间堪比救生牌，然而虚度之后却完全无法使人满足。尽管父母已经疲惫不堪，但他们既不好好休息，也不做些必要的家务事——好避免生活完全陷入一团糟。大多数时候，他们漫无目的地呆坐在沙发里或走来走去，任时光白白流逝。与此同时，像攀登一座险峻高峰一样的艰巨任务和难以抵挡的睡意，这两者之间产生的冲突却越来越大。而这一无计划性的做法，因为你永远无法弄清这么小的宝宝现在到底会睡多久而变得更糟。"时间炸弹"在许多妈妈的脑海里嘀嗒作响，于是她们自然很难放松下来或是正儿八经地开始做事。

　　在日常生活中，建立稳定的每日作息，替自己找到能够好好利用的空隙时间，和照顾自己的宝宝同样重要。在这段辛苦的时间里，父母保持自身平和，不但能帮助自己，也能预防整个家庭之舟倾覆。

一日之中的不利时段

就算是性情稳定的宝宝，在下午较晚的时间和傍晚时分也会出现棘手的情况。爸爸妈妈的神经也是如此，经过一清早就开始的紧绷之后，此刻已难以胜任。在这个让所有人都劳心劳力的时间里，宝宝的呻吟很快就会升级为哭闹，或一个对伴侣并无恶意的评语也会引发争吵。

▶ **请不要在这段不利的时间中，计划对你和孩子意味着格外辛劳或更大麻烦的事情。**

这其中包括走亲访友、清理厨房或做饭之类的事。父母应该去做些令人愉悦的、可以起到安抚作用的事情，比如每日外出散步帮助最大。既然你在这段时间做不了什么有决定性作用的事——既完成不了任务，又不能休息——那何不理智一点儿，和伴侣一起为傍晚的时间制定一些共同的行动计划。假设一位父亲刚从办公室回到家，由于疲劳以及晚上经常睡不好，需要长一点儿时间的"暂停"，那就和一个恰巧要占用这个时间打电话的妈妈一样，会动摇家庭的内在平衡了。

如果宝宝终于睡觉了，请合理地利用这段时间，要么去真正地休息，要么一起高效地完成维持最低整洁标准的家务。关于这段时间你很难帮自己，也包括为他人做些什么，你将会在本章最后了解到。我们现在有了自己的"衣帽间"，希望能够根据不同的状态和时段，既能和宝宝完成所有的活动，也能给自己找到休息的空隙，以及把必要而麻烦的家务做完。那么接下来，我们要谈的是一个经常被提及的问题。

宝宝需要多少娱乐，或者说玩具？

说到底，宝宝在最初的 3 个月中，既不需要以活动为名的"娱乐"，也不需要玩具。就如许多科学调查所显示，在宝宝最初还显短暂的有利时段中，一直到四五个月大，在可以观察到的事物中，宝宝对人脸最感兴趣。

你的脸对宝宝来说是最美丽的"玩具"。当你模仿宝宝的每一个声音和鬼脸（人们自然而然会这么做）时，他会感到最高兴。这个过程被称之为"反照"，意思是，宝宝在你闪着兴奋之光的眼睛中反射出自己的形象，情感上也体验到他作为生命的存在。宝宝一开始很少有对自己的感觉，既不懂自己的身体，也不懂自己的情感，完全不明白他从哪里开始又在哪里结束。只有通过亲密的身体接触，宝宝才会逐渐形成对身体界限的感知，比如"啊哈，这是妈妈的手臂，她碰到我的手臂了"。同样的，只有通过你愉快的回应，宝宝才能对自己的情感有所感知，比如"啊呀，如果我开心地笑起来，爸爸也会开心地笑起来"。宝宝通过和相关人士的身体接触以及情感交流才能明白自己在那里，并存在着。

没有任何一种活动玩具或毛绒动物可以向宝宝传达这种生存本能的亲身体验。一间布置完美的儿童房更多的是为父母的情感服务，让他们觉得为孩子创造了完善的空间。这虽然也是一件十分必要的事情，但我的经验却是：

▶ **尤其对爱哭闹的宝宝，玩具很快会对他刺激过度，而活动玩具更容易让他失去内在平衡。**

也许，你可以试着躺在一个旋转的活动玩具下，再打开配套的玩具钟。本质上，这类玩具在宝宝的印象里好似噼噼啪啪砸落的冰雹。对此，你要等到宝宝差不多 3 个月大的时候，才能够使用这类玩具，而且还要测试你的宝宝能承受多少旋转而没有开始哭闹。在一定情况下，你可以关闭玩具的某些功能。大多敏感的宝宝一直要到 4~5 个月大，才能承受这类多功能再加上音乐效果的玩具。

▶ **越简单越好。请你从一个没有音乐的活动玩具开始，并观察孩子对此的反应。**

请尽量不要让孩子连续几个小时躺在玩具下，因为宝宝面对持续的外界刺激做不到自我保护，很容易开始哭闹。聪明的做法是先拿一个玩具给宝宝玩。如果你注意到宝宝开始把头转开，或变得不安，就拿走玩具，或取下活动玩具。

如果你知道哪些事情让宝宝觉得紧张，什么样的刺激对他毫无影响，那么你就可以根据日程安排来努力改变自己的计划。其中有一点非常重要：对于一个小宝宝，尤其是爱哭闹的宝宝，尽可能过有规律的、"无聊的"、缺乏刺激的日常生活，这样他才不会因为被迫接受更多的外界刺激而感到负担重重。鉴于这种生活方式根据各人性情不同，不一定适合所有的年轻父母，寻求保姆帮助不失为明智之举。对这个月龄的孩子来说，和一个不熟悉的人外出散步或是被这个人抱着走来走去，都要比和妈妈在购物中心或咖啡馆要轻松得多。因此，如果你在哺乳期，可以利用哺乳间隙做一次小小的外出，好让你在某些时刻不要觉得有小宝宝的生活太过压抑。

母亲留给自己的时间，或者说留给伴侣的时间在哪里？

夜晚，当宝宝终于酣然入睡的时候，这个问题才会被提出来。然而，一个爱哭闹的孩子在出生后最初的几个星期要到很晚才能睡着，他的父母也早已精疲力竭，累到爬不起来。所以这个棘手的问题在最初 3 个月中，几乎无法被满意地解决。

社会发展给小家庭模式带来了许多优点，但这种模式在和新生儿相处的初期却也存在着缺点。两个人，一般而言大多是其中一方，在情感和规划上必须要 24 小时超常投入，才能照顾好一个爱哭闹的小婴儿。出于社会分工和性别分工，母亲至少在白天要单独照料宝宝。游牧民族的孩子因为是在女性群体中被照顾的，所以不会存在这个问题。

这一情况给单亲家庭带来了极大的压力。他们既没有可以求助的亲戚网，也没有一个同自己一样对宝宝有兴趣的交流伙伴。他们要独自面对难以完成的一系列事务：去官方机构办事、购物、洗衣服，收拾乱七八糟的房间。晚上等宝宝睡着了，他们也无人可以倾诉，不能告诉伴侣孩子的状况和自己的处境。他们获取每一次联系、每一次帮助都麻烦无比。当处在这令人郁郁寡欢的境况时，在拥有宝宝而得到快乐的同时，他们也会因为失去了对完整家庭的梦想而感到悲哀。如果再加上一个特别让人费神、频繁哭闹的宝宝，情况就会变得更糟，威胁时时存在。

　　即使是共同生活的夫妻，在这个特定的境况中，处境也远不如别人所看见的那般宁静安逸。对许多夫妻来说，还存在着一个他们未曾预料到的问题领域。现实社会中，由于夫妻双方在生活领域的分工渐趋消失，随着孩子出生，双方行为都会表现得十分易怒。这倒很少与对宝宝的关心有关，更多的是出于夫妻对这一辛苦阶段的不同体验。体验不同会导致夫妻之间许许多多的误解和冲突，对此：

▶ 请你——夸张点儿说——在这几个星期里，最好把自己对对方的理解、认知、亲热、性以及注意力的期望值都降到最低。

　　我很清楚在这段时期，不仅仅是女性，男性也尤其需要对方。母亲们因产后 6 个星期的激素调整所带来的心理和生理压力，会对人产生特别强烈的依赖感。她们自身既急需从伴侣那里获取"亲近"，也急需自己母亲的帮助。这是完全可以理解的：在给予了宝宝各种形式的"亲近"后，她们也希望得到回报。对此，我们应该特别顾及女性在这段时期的情绪波动和特殊需求。她们完成了如此出色的成就（尽管她们本身往往并不如此看待），大多数父亲也能意识到这不易之处，特别是明白这个状况不会超过几个星期（也就是产褥期）的时候。

　　许多女性在初为人母时深感很难再有精力顾及伴侣，也使得许多夫妻的关系变得糟糕。无论是一个爱哭闹的宝宝，还是一个安静的乖宝宝，都占去了她们大部分的注意力。当哭闹宝宝的妈妈们心力交瘁，在和自己的新角色进行缺乏自信抗争时，乖宝宝的妈妈们则大多对宝宝投入了几乎是"共生"的爱，从某种角度看，这种爱把爸爸们排除在外了。这样一来，情况对夫妻双方都不容乐观。照顾了宝宝一整天的妈妈，渴望脱身的时刻——终于可以短暂休息，同一位成年人谈话，这就如同被温柔地宠爱，重新焕发精神一样，妈妈迫切需要这些——但是，当门被打开，孩子可以脱手的时候，对她而言往往已经太晚了！于是，丈夫得到的并非所期望的关爱之情，取而代之的往往是先感受到了妻子的不满——你为什么没有早点儿回家？接着，他对妻子做出了"错误"的回应。

另一方面，妈妈如果完全被对宝宝的新鲜的爱意所包围，丈夫在她那里便往往得不到热情的回应。她给予新手爸爸的时间和注意力，经常差强人意。这些女性常常不能理解，为什么自己的伴侣一再退缩，甚至可能工作到更晚。这个在她们看来病态的退缩也就成为一个新的理由，让她们完全沉浸到对宝宝的"共生"关系中，从中获取亲热和缺失的身体接触。

即使分工明确，一人主内一人主外，给一个愿意照顾宝宝的妈妈带来了好处，却也可能伤害到夫妻关系。因为这样的话，妈妈们失去了她们的经济独立地位，对自己"伸手党"的身份感到十分拘束。而曾经经济平等的伴侣此刻成了给予者，这对夫妻双方都造成了压力。

然而，爸爸们也会处在一个值得注意的特定状态中。根据经验，绝大多数父亲会主动要求供养妻子和孩子。"供养"从性别分工来看，最初指的是赚钱，也就是说工作——大多情况下，意味着更多的工作，以便成为一个更好的供养者。对一个家庭而言，丈夫独自一人养家和妻子不能再赚钱使夫妻双方都承受着压力，尤其是建立家庭也意味着支出剧增，比如扩大生活空间，这一客观事实便会成为夫妻关系的试金石。

当爸爸终于有空闲的时候，大多也会投入和妈妈一样多的精力来照顾孩子。即使是最讨厌做饭的人，至少在此时也会在做饭一事上娇惯起他的妻子。然而，当晚上的睡眠时间因为宝宝的哭闹而缩短，而白天又被工作压得气喘吁吁时，爸爸也就离精疲力竭不远了。他想要的是能相应地减少些付出，但事实却不幸相反，特别是当回家时间因为加班一再延迟，在这个时候，他的妻子不会把他视为负责的家庭供养者，而更可能视为一个不团结的逃避工作者，一个想方设法逃避照顾宝宝的人。

即使是对一个空闲较多又乐于照顾宝宝的丈夫，这样的生活也不轻松。当他抱着宝宝接近婴儿床的时候，总是被妻子那挑剔的眼光追随左右，看他做的一切是不是正确，这样的情形很常见。这里发生了丈夫难以理解的事情：妻子期望他分担一些工作，可又挑剔他对宝宝的几乎每一个举措。这时不时冒出来的批评，和妻子把一切爱抚都给了小家伙的全心全意，对丈夫来说多少有些难以接受。再加上他眼中妻子完全的"能力丧失"——说与宝宝无关的事情不能超过两分钟。即使是最有趣、最有教养的女性，在生完第一个孩子后，多多少少也会经历此种"洗脑"，这在丈夫看来简直是不可思议的。

如此一来，家庭后代的到来不但打乱了和谐的二人世界，也改变了夫妻双方以及他们在处理冲突时的能力。因为今天，绝大多数夫妻以伙伴形式共同生活，随着第一个孩子的降临，他们本已熟悉的生活方式也发生了改变——突然之间跨入传统分工，即一个人主要照顾孩子，另一个人养家糊口。现在，很多父亲希望通过增加收入来保证他们作为养家者的责任，而母亲们的角色变化更为巨大，于是大多数母亲都在努力调整生活方向，主要体现在她们把一切兴趣都放到和宝宝有关的事情上。根据我的经验，一些母亲倾向于利用有限的机会来批评伴侣，这种情况较多发生在那些对自身的母亲角色缺乏自信的女性身上。一方面，她们希望由一个合作的父亲让生活变得轻松；另一方面，父亲作为竞争对手，也损害了她们身为母亲的自信心。这几乎完全投入到和宝宝有关的一切事项中的行为，也有一层深刻含义：她们加强了和宝宝的联系，同时减轻了对母亲而言尚显困难的角色转换。

夫妻们不仅难以理解冲突发生的原因，往往也难以着手解决问题。归根结底，双方都渴望得到更多的爱抚，对自身付出的肯定，以及（由于生活状态和角色身份的变化）伴侣对他们需求的理解。与此矛盾的是，许多年轻的夫妻恰恰无法给予这对双方而言都迫切需要的关怀。直到今天，某些年轻的父亲还觉得公开安慰他们落泪而绝望的妻子十分困难。这些男人尽管深爱妻子，却觉得如果妻子能说出具体的建议和提议，自己会从容得多。然而，这一"无法走入其感情生活"的状况让年轻的母亲们备受折磨，因为她们为自身的脆弱和依赖感到震惊，恰恰特别需要伴侣，即便对方只是给出小小的建议。除此之外，还有这样的状况：许多女性在感到压力时经常反应过激，这也会让伴侣的试图接近变得困难。尤其是生完第一个宝宝的母亲，她们将所有精力都给了宝宝，变得几乎看不到伴侣的需求。如果丈夫不告诉他的妻子其境况和需要的话，此种情况将变得更糟。

假如一对夫妻既能找到时间，也能有闲心来彼此爱抚，依然会受到下一个问题的威胁。虽然绝大多数的年轻夫妻能够享受温柔和彼此依靠，但是年轻的母亲们（特别是哺乳时）对其他事物的兴趣却减少了很多。还有性，这从前让夫妻双方内心合二为一，同时让亲密即使在困难时期依旧成为可能之事，在此时也经常变得古井无澜。尽管妻子在放弃这一种形式的亲密时，也同样懊悔不已，但深究内心，她们却纯粹是受到激素影响所致（天性已如此设置），一切都是为照料宝宝服务，而不是再造一个后代。此外，她们未完全恢复的身体、滴着奶水的乳房和仍然存在的恶露也不适合做爱。在哺乳的母亲那里，性欲衰退会持续到哺乳期结束，也就是说要到宝宝能完全吃辅食时，这让夫妻关系受到了一定的考验。因为说到底，几个星期或者说几个月后，即便是最能体谅人的丈夫也不能完全明白，三个人的生活中，为什么他的妻子还不愿做爱。丈夫们的激素尽管也有变化（在孩子出生前后，男性会分泌更多的雌激素，让他们更具关怀之心），但在几个星期后就会恢复正常。因此，他们难以理解妻子观念的彻底转变，比如说性。当这个状态持续数月之后，他们就会觉得这表示拒绝。这一状态会给一对夫妻带来沉重的压力，主要在于哺乳期的妻子（只有她长期受激素改变的影响）几乎不可能拿出丈夫所需的爱的证明，而有些妻子则由于在哺乳时和宝宝的亲密身体接触，使得她不愿再与丈夫有更多亲近，于是就会让状况变得更糟。

与此同时，其他表示恩爱的行为也开始"告急"，比如做饭。如果丈夫是那个喜欢挥舞锅铲的人，那至少周末的情况会好很多。但是，这也不能让夫妻二人在平时免去口渴或饥饿——在宝宝出生后的前几个星期中，即使是最伟大的厨娘也会无力拿起锅铲和思考菜谱。对新手妈妈而言，照顾宝宝已让她时常感到力不从心，如果还要去照顾其他人，与其说是充实不如说是负担，这会让她不堪承受，完全丧失活力。新手妈妈从内心渴望着准备好的饭菜，最好是小时候爱吃的东西（现在一个好外祖母就可以出现了），并且储藏一堆食物，仿佛不久就要限购似的。这其实是从女性出于原始本能所做出的行为，而从男性角度看，这一原则会让他更长时间地留在办公室苦干。她幻想着不期而至的食物紧缺，他幻想着突如其来的贫穷——两者归根结底都不是理性的行为，然而我们人类无法根据理性抛弃数万年来基因中的求生本能。

现在我们面对着一对夫妻，他们因为一个爱哭闹的宝宝而肩负沉重的压力，可是却无法给对方打气加油。借助良好的、稳定的关系基础，夫妻可以承受很普遍、很正常的压力，但是在这段时期，年轻的家庭中或多或少都存在一定的危机。

在这里，那些家有哭闹宝宝的爸爸妈妈，还面临着一个特别的压力：如何克服自己对宝宝的恼怒和挫败感。一般情况下，人们会咬紧牙关咽下这棘手的、让年轻父母常感震惊的情绪，继续履行父母之职。但是，这一情绪自然会在另一个地方流露出来，而这个"地方"往往是那个充当出气筒的一方。在绝大多数情况下，妈妈在白天独自照顾孩子，因此会积聚更多的坏情绪。根据经验，许多爸爸在这里以莫大的肚量，容忍自己被不公正地批评和训斥。他们通过这一行为下意识地保护着自己的宝宝——这个让身为主要接触人的母亲经常不堪忍受，变得具有攻击性和心情绝望的小家伙。许多妻子往往根本没有意识到，她们的丈夫在最初的几个星期中，充当了何等无可指责而不引人注意的重要角色。

这样就能理解开头强调的那句话：请你把对对方的期望值尽可能降到最低，因为你此时为照料孩子投入了全部的时间。宝宝越敏感、易怒，你们自然也就要付出越多的精力。但是，请你对伴侣每一个充满理解的、令人受益的举动感到高兴并学会珍惜。

　　下面的"配方"也能帮助你们为对方加油：请利用每个机会，告诉你的伴侣，他（她）做了什么很棒的事情，或者说做了什么特别为人着想、爱意满满的事情。尽管这样的时刻能为对方带来许多动力，但在焦躁的日常生活中，却被再三白白放过。请你们互相为彼此鼓劲，并把赞扬的话说出来，因为另一半就像你自己一样，并不总会"自行明白"。另外，正是在这压力极大的阶段，人们尤其需要亲耳听到对方的肯定：告诉妈妈们，我们看到她们持续照顾宝宝，特别是把宝宝照顾得稳稳妥妥的不凡成就，会对她们帮助甚多；而爸爸们听到，我们理解他们在工作和家庭两方面都承受着压力，也会觉得心情舒畅。请你告诉另一半，自己到底感觉如何，并告知对方现在对他（她）有什么愿望。你的伴侣也许并不能自行明白，换句话说，不能预见你愿望的可行性，因为他（她）本人也许会有不同的想法。

　　这种方式的对话对"性"主题意义重大，因为在这一阶段，特别是当婴儿还完全需要哺乳时，它很少能有一个让夫妻双方都满意的解决方法。

　　如果在家有哭闹宝宝的最初困难阶段，夫妻二人可以一再做到靠近彼此，就会拥有新的力量与爱情将接下去的几个星期坚持到底。不久之后，就会如同隧道末端的光，我们也接近了前三个月的尾声，魔法般的成长飞跃将会在最初的"艰难困苦"之后，让宝宝和爸爸妈妈的生活都变得轻松很多。

由于敏感的宝宝在最初的 3 个月中，还无法承受过多的外界刺激，因此，"无聊单调的"、有规律的、一成不变的日常生活恰恰是他们所需要的（和成人相反）。借助日程记录表，养成一个大致的喂养和睡觉规律（对哭闹宝宝来说就好比一个可靠的框架）会很有帮助。请尽量不要叫醒宝宝，尊重他在一天计划中的睡觉时间。请你利用他一开始还很短暂的注意力和稳定的清醒阶段，和宝宝度过让双方都满意的逗趣时间或是完成某些特别费力的事务。请观察宝宝是否能从活动玩具中获益。请根据宝宝的有利时段和不利时段调整你自己的日常安排，并利用每一个安静的时段来放松自己。作为夫妻，请努力理解另一半的处境，认可其成就，但不要对彼此期望太高。

在正确的时间关注宝宝——婴儿期第二阶段（4~6个月）

　　宝宝满3个月后，发生了在爸爸妈妈眼里好比变魔术般的变化：那躁动不安、经常哭闹的宝宝摇身变作胖嘟嘟的、态度友好而情绪稳定的孩子。仿佛念了咒语一般，每日晚间的哭闹和必须要抱着走来走去的哄睡统统消失不见。宝宝仿佛换了一个人似的，十分安静地躺在小床上，瞪着眼睛打量着房顶或活动玩具。一张熟悉的脸刚刚进入视线范围，他就浑身放出光来，开心地笑个不停。这在许多父母脑海中设想的有宝宝的生活，终于到来了。

　　我们的宝宝从一个爱哭闹的小不点儿变成了一个胖胖的开心宝宝，究竟是为什么？许多读者立刻就能明白：我们的小婴儿（以及他们的父母）度过了关键的前三个月，在那段时期婴儿还没有发育完全以应付日常生活，现在他已经足够强壮安定，既能忍受偶尔到来的肚子疼，也能承受日常生活中的刺激。直到今天，我们的孩子才能控制四肢，不再摇晃，身体可以支撑头部，而且能够自在地仰躺而不会手脚乱动或是哭闹。对距离较远的物体，宝宝也能看得一清二楚，并开始朝着目标伸手去抓。最妙之处则在于：宝宝多数时间心情愉快，特别是看到爸爸妈妈时，还能和他们牙牙学语。

　　这个父母和宝宝绝大多数时候亲密无间的阶段，称之为依恋期。当新生儿还把身体接触视为安全感的最高形式时，在差不多4个月大的宝宝那里还要添上一个重要因素：视线接触。天性也已巧妙地设计好蓝图，哭闹宝宝的父母，一开始渴望和宝宝建立起一种轻松的，特别是持续让人满意的联系，而这一联系，也最终使得他们彻底放下不照顾宝宝的想法。在这一阶段，恰恰出现了这种情形：没有什么比满怀喜悦地望着父母，和他们牙牙学语更让宝宝喜欢的了。这么做为稳定而良好的亲子关系奠定了基础。在接下去的成长阶段中，没有任何一个阶段能和此时一样，让宝宝把你看作唯一最爱的"玩具"。宝宝一旦长到差不多6个月大的时候，他的注意力就会越来越多地放到那些他想要拿或是放进嘴里的东西上。对此：

▶ **在宝宝满 6 个月之前的几个星期时间中，你几乎是孩子唯一的兴趣中心。请利用这短暂的时间，建立起稳固的亲子关系的基础。**

　　请不要担心，这并不是说，你现在必须一整天寸步不离地和宝宝说话，才能建立起良好的关系。这只是意味着，你应该对和宝宝闲聊投以特别的关注，因为在这个阶段，正是这种建立联系的方式能让宝宝真正感受到被爱。如果你让一个 9 个月大的宝宝随心所欲地用勺子把米糊捣来捣去，而自己只是在一边高兴地看着，他也许就会觉得心满意足。但是，单单靠你的微笑和面孔就能满足和逗笑宝宝，却只有在这个阶段。

　　或许，你已经问过自己，为什么在这个阶段"关注宝宝"如此重要，以至要作为本部分的标题？如果我们再看一次成功的乒乓球赛，就会明白许多：在和宝宝一起的日常生活中，既有聊天说话的时候，也有自我满足地安静休养、不需要打扰的时候。两种生活状态对宝宝保持心情良好都很重要。一方面，共同的经历和闲聊时的爱意对宝宝的心理建设意义重大，另一方面，终于能够稳定地放松自己的身体，也让宝宝倍感满足。

为了能对这一阶段的宝宝的需求有所了解，有几个方面需要注意。在我们咨询所中经常可见这一情形：当宝宝正安详平静或饶有兴致地东张西望时，爸爸妈妈会抱起他同他说话。这倒不会打扰宝宝，但是这样建立的联系往往流于表面，又只能持续很短的时间，自然会激怒宝宝，让他失去内在平衡。让我们稍作思考：宝宝此时并不一定需要闲聊。另一方面，有时宝宝在呼唤爸爸妈妈，但是出于种种原因这呼唤没有或只是短暂地被爸爸妈妈听到。我们会在"促进自我调节能力发展的小贴士"这一节（第109页）中，进一步针对这一问题着手研究解决之道。

喂食问题的小贴士

在这个阶段，父母在喂宝宝吃东西方面大多可以顺利进行。这是因为：一方面随着宝宝消化系统的进一步完善，讨厌的肚子痛随之消失不见；另一方面，可靠的生活规律建立起来以后，让宝宝和父母的日常生活都变得轻松了。但是，在宝宝差不多4个月大的时候发展出的"特征"却让父母有些疑惑不解：喂食过程开始出现中断，宝宝一再转过头去咿咿呀呀或是嘻嘻哈哈。受到影响的最先是妈妈，她们总是担心宝宝们没有吃饱，对此常常心中没底。

为什么这么大的宝宝不再像一开始那样乖乖吃奶了呢？原本他们会心无旁骛、毫不停歇而不是左顾右盼的。如果想一下现在的成长主题，我们其实已经知道了答案：一方面，建立良好的关系现在成了主题；另一方面，宝宝如今终于不再"近视"，开始对周围环境产生了兴趣。对于一个成年人，我们绝不会指望他一言不发、全神贯注，如破纪录般地狼吞虎咽。假如真有谁这么做，也会让我们觉得很失礼。可是与此相反，我们却希望小宝宝（小孩子）这么做，甚至授予他"吃奶好宝宝"的头衔。

我们看到，这一切都是完全正常的成长步骤，它使得小婴儿现在即使在吃奶的时候，也能成为一名独立自主的互动伙伴，越来越多地想要自己决定行事节奏和休息时间。

▶ 宝宝现在多次转过脸去，或者频繁地中断吃奶，并不意味着他觉得不舒服。

只有当人们出于担忧开始施加压力时，宝宝才可能因为紧张氛围加重而真正厌恶和回避吃奶。

这一产生的"动力"也能同样代入吃配方奶的宝宝开始添加糊状辅食时。根据不同的脾气和个性，一开始宝宝总会拒绝被喂橘红色的蔬菜泥，以表明他（她）在吃饭方面是天生的"调羹使用者"，或者他（她）本身就与这个杵到嘴里的塑料玩意儿气场不和。这些再正常不过的现象，却会引起一个母亲的过度担忧。妈妈所担忧的事情偏偏会发生——孩子越来越不愿吃饭。这并不是因为食物不合口味，而是因为随着喂食而来的紧张和压力，让宝宝无法品尝到食物的美味。

对于那些深受"吃饱"这一主题折磨的妈妈们，可惜很少能通过理智的解释让她们变得轻松些。这个让她们自身也常常无法理解、毫不理智的不良情绪，用理智只能暂时缓解一下，忧虑很快又会悄悄回归。她们想让自己的宝宝在吃奶时不要停顿太多，尽可能多吃。但是，宝宝却只想亲自尝试端上来的食物，比如他想要安静地自己决定什么时候吃，吃多少，是更喜欢边吃边玩，还是尽快吃饱。一个在吃饭方面意愿强烈、性格爽快的孩子，能够不顾妈妈的担忧，照样果断地大快朵颐。但是，在一个有些敏感、慢吞吞的，吃饭在他而言也许就不太重要的小宝宝那里，妈妈的忧虑就会真真切切地掺和进来，影响了宝宝的胃口。我们还会在第三章中深入探究这对亲子关系造成很大困扰的主题，以及一个可能的长期解决方法。

无论如何，这个实用的小贴士可以帮助你在开始添加辅食时减轻困难：

▶ **在宝宝既不太饿，也不太困的时候，尝试添加辅食。**

对一个特别饿的宝宝而言，如果用小勺喂的话，其实是太慢了。一直要到8~9个月大时，宝宝才能充分掌握吃掉小勺上的食物所需的方法，从而让自己快速吃饱。而一个困倦的宝宝即使已经1岁了，也会因为觉得吃小勺上的食物太过费力而拒绝。因此，用小勺喂宝宝的最佳时机是在他睡醒后。

保持较长时间睡眠的小贴士

宝宝 4 个月大时，一个较为稳定的睡眠规律大多已建立起来。在绝大多数情况下，这个阶段的宝宝在白天大约睡 3 个小时，但是在这其中，他至少应该有一次 1.5 小时左右的长时间睡眠。晚间睡眠则大多持续 11 个小时，期间只会因为喂奶而中断。

▶ **在这个阶段，重要的是：如果没有意外，宝宝应该逐渐学会不需要任何必要的帮助就能入睡。**

恰恰是那些一开始就爱哭闹的宝宝的父母，已经习惯了实行全套哄睡措施，让他们的宝宝在一番折腾之后终于可以入睡。他们完全想象不到，宝宝不需要抱着走来走去就能进入梦乡。但是宝宝能！请尝试一次。现在是最好的时机，因为你的宝宝终于发育成熟，并且还没有习惯并依赖上这一整套哄睡程序。

请从午睡开始，这是大多数婴儿都能轻松应付的睡眠阶段。请注意宝宝开始发出的第一个疲倦信号——多为哭哭啼啼和不满增多，那时请你把宝宝抱去卧室，放到小床上，小床应该用枕头或类似的东西布置成温馨舒适的鸟巢形状。然后，慢慢把宝宝用侧躺的姿势放下，稍稍爱抚一下，可以再在宝宝额头上放一块布，以便更好地隔离外界。最后，给一个安抚奶嘴让宝宝安静地吮吸，他很快就能睡着。请你尽力做到平和过渡，告诉宝宝，现在要睡觉了。如果宝宝还显得不安，你就留下来，可以把手放在他的脑袋或胸口上以示安慰。一旦宝宝开始安静下来，你就可以慢慢地离开了。

▶ **你不必长时间地看着或抚摸你的宝宝，直到他睡着。宝宝一个人其实经常能够更好地隔离外界，不受干扰地进入梦乡。**

我知道，这听起来完全不能让人信服，但是请你简简单单试一次。你的宝宝现在能够自己入睡，对你的需要比你自认为的要少得多。即使他还有点儿不安地蹬着小腿，也请你离开房间。如果你因为无法确定宝宝是否真的能够做到自己睡着，而站在床边变得愈发紧张，很可能就会把这种不安的情绪传染给宝宝。如果宝宝真的需要，他会以可靠的方式来召唤你。想必你现在已经清楚，宝宝在这么大的时候有件事在白天还做不到：把每一段单独的睡眠连接起来。睡眠不是一种一成不变的状态，而是按深睡期和浅睡期的顺序交替进行。一段深睡期大约持续 40 分钟。现在，某些能够在短短几分钟的浅睡期不醒过来的宝宝，也能做到再度进入新一轮同样时长的深睡期。但也有许多宝宝做不到，于是，便产生了那经常可见的"40 分钟睡眠者"的睡眠模式，即睡了 40 分钟便又醒来。

▶ **如果孩子哭着不高兴地醒来，很可能是因为他还觉得疲倦。请快速做出反应并试着让宝宝在小床上再度睡着。让宝宝学会在白天至少做到一次"双深睡期"，即睡差不多 1.5 小时。**

这种把单独的睡眠期整合起来的能力，确实十分重要。只有这样，宝宝才能在较长的睡眠中真正持续地放松自己，并且学会在晚上安稳地一觉睡到天亮。这也是为什么对宝宝来说睡觉应该是"神圣的"，否则，这会非常影响他建立这种基本能力。旅途中的小婴儿在最好的情况下，只能睡短短的 40 分钟，因为周遭的噪音会把他在浅睡期时唤醒（推着婴儿车外出除外）。身为父母，只有当你的宝宝可以做到较长时间的睡眠时，最终效果才会对你有益：这样，你在白天能获得较长的休息时间，并且培养了宝宝连续睡眠的能力。以下这点也十分重要：

► **白天的时候，大多数宝宝很少显露疲倦，所以我们必须给他们创造入睡的机会！**

这是一个非常惊人的事实：这个阶段的宝宝大多要在父母创造的合适条件下才能入睡。例如，当你推着婴儿车走在路上时，最能体会到这一点。宝宝们在婴儿车上经常能睡好几个小时，如果躺在家里的垫子上则绝对做不到。就我个人的经验来看，没有任何宝宝在白天只需要睡很短的时间，实际情况是许多宝宝的睡觉环境不适合他们。这个阶段的宝宝因天生的好奇心而一再兴奋，看起来仿佛精神十足。

请你测试一下宝宝是不是累了。宝宝哭闹得厉害起来，是最明确的疲倦标志。如果你仔细观察，会发现宝宝的眼睛经常眯缝肿胀。即使你的宝宝还大睁着眼睛东张西望，仿佛还很精神，仍请你试一次，用最寻常的安抚方法把他放到自己的床上，此时最好只是稍微遮暗卧室。对爸爸妈妈来说，结果经常令他们大吃一惊甚至不可置信：宝宝怎么突然从活力四射转向沉沉睡去。许多宝宝其实已经十分困倦，但人们往往注意不到。因此，

▶ **宝宝哭闹得厉害起来，再加上距离上次睡醒已经过了2-3小时，这些是疲倦的确定性标志。**

如果宝宝只是哭闹增多，可能是在表示各种不满，比如说希望被抱起来，或者只是觉得无聊。为了了解更多哭闹的内涵，我们谈谈下一个对宝宝和父母的生活来说非常重要的因素。

促进自我调节能力发展的小贴士

你还记得我们哭闹的小宝宝吗？那个我们用容易倾覆的小船做比喻的孩子？这是一个形象的比喻，能告诉我们，一个人几乎没有自我调整能力的时候，也就是说难以使自己与环境和谐相处时，将是何种感受。

▶ **比如说，对于一个4个月大的宝宝，良好的自我调节能力意味着以下几点：可以稍稍等待，在愤怒大叫前会哭闹一段时间，能够一个人睡觉，可以专心致志地玩一个玩具。**

自我调节能力表示，一个人能够忍耐所有内心的冲动——诸如疲倦、饥饿、无聊、愤怒，以及适应外部的要求——比如必须等待、被吸引或是去看医生。这一自我调节的能力一方面是天生的，也就是说世上既有情绪稳定的孩子，也有敏感、易怒的孩子；但另一方面，父母也可以通过倾注感情，用行动去支持他们。

大多数父母对此有所期待是可以理解的，他们希望自己的孩子能连续睡一大觉，能自己玩一会儿，而不是一不开心或看不到爸爸妈妈就大哭大闹。对婴儿来说，达成这一成长任务可谓成就非凡，却往往被人忽视。一般观点认为，宝宝有朝一日总会具备这一能力，但却很少有人注意到其中的过程，因为人们总以为这是理所当然的。归根结底，这体现了社会观念中的某种无知，因为我们当然不会指望一个没有上过学的 8 岁儿童朗诵一首诗。但是，我们的宝宝却要在没有人教的情况下（即支持环境）就自发完成所有了不起的任务。让我们再举个例子，体会一下自我调节是一种怎样的成就。如果我们能够做到，清早在极度疲劳中起床，挤进公共汽车，听着上司对自己指手画脚，晚上还要在摩肩接踵的超市里买东西，为挑三拣四的小家伙们做饭，那么我们就算拥有了出色的自我调节能力。我们没有迁就自己迫切想睡觉的需求，并且面对车厢里拥挤的人群、苛刻的上司、淘气的孩子和慢吞吞的超市收银员，至少我们没有立刻大吼大叫。说到底，能把内在的需求和外部的要求协调一致，也就是说能很好地"起到作用"，就算是一种伟大的成就。人们很容易依靠"不具备持续的受挫容忍力"这一点辨认出有心理疾病者。

正是这一从 4~5 个月大时就开始学习的能力，使我们在自己的文化里（我们正生活在其中）过体面而满意的生活成为可能。另外，这看起来本是完全自发而来，我们作为掌舵者只需要顺应这一成长潮流，偶尔灵巧而不露声色地掌握小船方向即可。

▶ **我们不可以打扰一个正满意地张望、玩耍或是睡觉的小宝宝！否则，我们就妨碍了他们获得专注和自我调节的能力。**

在和宝宝的日常生活中，这样的事却时常发生。请你自我审视一次，在宝宝正心满意足、牙牙学语的时候，你是怎样走过去，同他说几句话，而不是在他正在哭闹的时候，也许你更喜欢前者。或者，你是如何忽然"涌起爱意"，不顾宝宝给出的信号，就过去把他抱起来。

在这个阶段，专注和自我调节的能力被慢慢地培养起来，因此弄清楚小家伙是否真的准备好互动或是愿意互动，就显得尤为重要。事实上，和一个自顾自玩着牙胶的小宝宝说话，或是把他抱起来都没什么不妥。宝宝所处的这个阶段被称作"依恋期"是有根据的，他会对每一种接触形式欢欣雀跃。然而，如果我们一而再再而三地打断他的自娱自乐，其专注力就会受到妨碍。"短暂关注"由此产生：宝宝一个人玩了一会儿，接着爸爸妈妈和他说了几句话或是抱起他，随即他又被放下，如此一来也就难怪宝宝要觉得生气而哭闹了。在这里宝宝被双重激怒了：一方面他的玩耍被打断，另一方面爸爸妈妈给予他的接触往往既短暂又流于表面，并会再度中断。

▶ **如果你和宝宝建立接触，请让宝宝和你一起决定接触时间的长短。**

此处意为，在宝宝看来，时常出现的蜻蜓点水般的接触往往带来的生气多于快乐。笼统而言，对于我们成人，就好比被人迅速把一个极棒的电器（对大部分爸爸而言）或一本流行女鞋目录（对大部分妈妈而言）塞到手中又在两分钟后拿走。

不要担心，你不必连续几小时站在婴儿床的围栏边，直到孩子把你"释放"。小婴儿们的专注时间还十分有限，因此在高强度的视线接触和闲聊后也需要暂作休息。当宝宝转过脑袋，或眼睛开始睁大失神时，你就该意识到这是"现在我觉得够了"的信号。接下去，你就可以慢慢地抽身而退了。

▶ 无论在开始还是结束和宝宝的接触时，请你不要太突然，而是做到过渡！

这句话听起来合理，但在日常生活中，却时常会出错。如果和一个成年人接触，这种情况恐怕不会出现：你一声不响就出现，和另一个人开始亲热互动，接着你又突然不告而别。但是，和宝宝接触时，人们却经常会这么做。关于这一点，请你在接近宝宝的时候，就如同接近其他人那样，保持适当的节奏和合理的亲密程度。

▶ 请告知宝宝，你要和他做什么。

这只是表示，请你不要忽然出现在小床边，而是无论到来还是离开，都应该和宝宝打声招呼。当你想把宝宝从小床里抱起来，换句话说，一会儿又把他放下来时，这一规则同样适用。由于宝宝完全没有时间观念，要靠我们仿佛一条线似的贯穿其日常，让他的生活变得一目了然，从而也轻松一些。一个无法预测而忽隐忽现的爸爸或妈妈，有时又在宝宝身边忙碌个不停，自然让宝宝躁动不安。轻柔的言语和行为上的过渡，也是另一个帮助宝宝继续躺回小床上睡觉的方法。从经验看，尽管每一对父母都会认同这一说法，却很少有人这样去做。小宝宝往往像一块木板似的被爸爸妈妈一言不发地直接运到床上。如果宝宝愤怒地抗议，爸爸妈妈还会觉得惊讶无比又十分生气。对此：如果你打算再次把孩子放下，请先打个招呼，再温柔地慢慢放下他，并且让你的手还留在宝宝身上。请继续和宝宝说话，只有当宝宝开始看着你时，才把手放开。给宝宝展示一个有趣的玩具，比如说针对这一阶段非常推荐的婴儿牙胶，并把它绑在床头[1]。当宝宝的注意力慢慢从你身上移开时，你就可以用相同的节奏退出，从他的视线里消失。

对于这个阶段的宝宝，接触并不意味着不断地眼神、身体接触或者语言交流。如果你把他的摇篮（考虑到视线，一个可以调节高度的带轮婴儿椅更好），放到自己所在的房间，宝宝就会很满意。在这里，你可以观察宝宝，时不时和他说说话，同时无论是你还是宝宝都能做自己的事情。

让这个阶段的宝宝融入日常生活，往往并不复杂，因为他躺在小床里或玩具毯上看着身边人的状态，就能够颇觉满足，尤其是他还不会爬来爬去。

▶ **给需要休息的爸爸妈妈的小贴士：如果你想在沙发上或夏天的露营地上舒服地坐一会儿，把宝宝简简单单地放在两腿之间就好。**

你的宝宝可以玩一个拨浪鼓，你可以看看报纸。就算单单是为了从一开始辛苦操劳的 3 个月中缓口气儿，也请你充分利用这

---

1 如果你将牙胶的一端用橡皮筋绑在床头，宝宝就能更好地抓着上面的一个个小摆件，放到嘴里"探索"。

很可能是宝宝第一年中最轻松的日子，好好休息。

下一章中，我们还会详细地说明如何让宝宝自己玩。鉴于宝宝从 4~6 个月起开始会自己玩，这里再给一个小提议：

► **请不要提供给孩子一件以上的玩具，也不要指望宝宝一开始会和它玩超过 15 分钟。**

这么说要让所有的玩具制造商失望了：说到底，这么大的宝宝只要一个磨牙圈，一条光滑的、小小的抓链，或者再加上一个软拨浪鼓，就足够让他玩得津津有味了。更多的玩具，特别是不断换新的玩具对他们来说则要求太高。有了差不多这三样熟悉的玩具，就足以培养起他们抓、拿以及将东西送入嘴巴的能力。就玩具而言，所有浪费钱的类似产品一开始你最好还是别买，随着宝宝越长越大，你还有的是机会来满足自己的消费欲。但是假如做完这一切，你的宝宝还是不满意，这又是怎么回事呢？

为什么宝宝爱哭闹？

先要声明：所有的宝宝都会哭闹。恰恰在第一个宝宝那里，人们对此觉得难以置信，于是父母们只好从自身寻找原因。自己的宝宝不能有任何不满意！这一完美主义的要求是毫不现实的，它折磨着许多家长，也折磨着他们的宝宝。宝宝们无法通过"不哭闹"来证明这几乎不可能被证明之事——妈妈爸爸真的已把一切做得尽善尽美[1]。显而易见，父母那边由此产生的挫败感和紧张感会传染给宝宝。

　　但是，为什么宝宝此时会哭闹得如此频繁？我认为，原因在于他同样也笑得频繁。这么小的宝宝的感情，或者说感觉，还很流于表面。他既不能控制自己，也无法伪装，因此我们能从他脸上读出每一种感情，听懂每一次发声。正是这份真实让他如此令人着迷。宝宝的情感分层还很浅显，他们从哭闹不止瞬间就能变得高高兴兴，反之亦然。于是，我们需要学会应对孩子在兴高采烈和生气哭闹之间迅速转变的状况。

▶ **阶段性的哭闹是完全正常的。只有当宝宝不再像往日那样爱笑，显露出明显的不满意时，你才应该思考他的生活里出现了何种障碍。**

　　当情况改变，比如抱在手里或是走了一大圈后，宝宝看上去还是不快乐，那么就要严肃对待这一不满情绪了，最好是寻求帮助。恰恰是在每一个婴儿能力飞越期之前——即3个月、6个月、9个月、12个月——宝宝特别难以平静。如果6个月左右的宝宝现在越来越爱哭闹，大多表示他想要去做更多的事，尽管事实上他还不会。躺在悬置的玩具架下让宝宝既厌烦又无聊，就好比几个月来对世界的了解只有屋顶。这就是宝宝们爱哭闹的最常见的原因：他们就是单纯觉得无聊，或者说他们对自己有限的移动能

---

1 根据我的经验，在这想成为孩子"完美"父母的愿望背后，常常是要求极度过高和不确定自己到底是否"够好"。

力深感挫败。假设现在我们一直抱着宝宝，让他能触摸到放在高处的一切事物或持续数小时呆立在洗手池边，让他研究那亮闪闪的水表。这对宝宝而言，真的就是一个好的解决方法了吗？

不是，绝对不是（但不是说，你不可以把宝宝抱起来看一下水表）[1]。我认为，作为一项人类或者说孩子的成长任务，一个人要学会容忍一定程度的无聊和挫败感。这一点恰恰属于自我调节能力范畴。生活不单是由美好和激动人心的事物组成，也包含着无聊和挫败。现在流行的从美国传来的"快乐主义"（每个人都要持续"感觉超棒"）既不符合自然的本质——太阳不会在天上挂24个小时——也不符合人类的本性。在这些令人不快的阶段，如果你能意识到宝宝的感受，比如"你现在很不高兴吗？"，给宝宝选择的机会，也就是说为他提供可以探索的东西，让他可以更好地度过时间，才能最终帮助他成为一个内心自足的人。

接着，在差不多6个月大的时候，宝宝能更好地翻身和爬行，终于成为一个能坐着的家庭小成员。当他朝着爸爸妈妈快乐无比地微笑时，所有人的生活都会变得轻松许多。为了保证宝宝做到自娱自乐，请你观察宝宝何时需要交流，何时饶有兴致地打量玩具或是自发地牙牙学语。请尽量不要打断这些美好的时光，并让宝宝自行决定何时结束互动，就好似一场乒乓球赛的来回接球。开始添加辅食时，请注意，不要在宝宝感觉疲倦或饥饿的时候使用小勺。在喂食时，如果宝宝转过脸去，并不代表对你没有兴趣，而是因为周围环境在他眼里变得愈发有趣。除此之外，现在也是

---

1 一个好的解决方法应做到对所有人（也包括父母）都可行。一切单方面、长时间的投入，出于其不平衡性早晚会让"家庭之船"倾覆。

开始让宝宝逐渐不需要帮助就能自行入睡的有利时机。由于许多宝宝在这个阶段尚不能清晰表达自己的疲倦，而是越来越爱哭闹，请你试着根据需要进一步将有规律的睡眠引入日程，并给孩子提供安睡的机会。

尊重宝宝的界限——婴儿期第三阶段（7~9 个月）

如今，我们的宝宝正发生着变化，而这些变化往往出乎爸爸妈妈的意料。单看外表就很明显：现在开始，宝宝变得非常上相。他们是那么胖嘟嘟，憨态可掬，而且可以一边坐着，一边主动东抓西拿，第一次能够以坐着的姿势成为与成人"旗鼓相当"的互动伙伴。这一切都与人们脑海中关于婴儿的典型形象相契合，也难怪广告里出现的大多数都是 9 个月左右的宝宝了。

但是，在这可爱行为的背后，自然也有其相应的代价。处于这个阶段的婴儿，由于性情不同，或早或晚，终将逐渐而必然地拥有个人意志。假如说 4~6 个月大的宝宝的需求还比较少，他只要手里有玩具或父母陪伴左右便能喜笑颜开，那么 7~9 个月大的宝宝则境况迥然：无论是满怀喜悦地望着爸爸妈妈，还是自得其乐地摆弄手里的玩具，都不再能满足他们。

简而言之，对这个阶段的宝宝而言，玩具是他能坐之后，眼中所有的可见之物。为什么花瓶、餐具或手机偏偏不能算作玩具呢？这简直不可理解！站在宝宝的角度看，这也相当不公平。为什么爸爸妈妈可以拿着看上去超级有趣的"骨头"玩耍，还对着它全心投入地窃窃私语？诸如此类的不公简直没完没了：凭什么爸爸妈妈可以自己使用刀叉，而自己却只能降级成为被动的“小勺接受者”？为什么只有妈妈才可以玩护手霜？自己却是唯一那个每天无数次被撂得四脚朝天，还得不断忍受着换尿布的人？作为宝宝，自己难道不该怒气冲冲吗？其实，这个阶段的宝宝应该被同情才是。对他来说，没有什么比自主成为事件发动者（或是制造者）更乐趣无穷了。每次一扔球，球会就滚走——观察这个，对宝宝来说趣味十足。因为不久前，他还只能被动地躺着，现在终于能够坐着俯视环绕四周的事物，并且成为它们的主宰了。也正是这点，给予了这个阶段的宝宝巨大的自信。

然而，在这一成长时期，有两件事却在生活里添堵，宝宝则要和它们不断地做斗争：一件是他的行为还无法与运动机能配合默契，另一件则是他那不太听话乃至会出手制止的爸爸妈妈。例如，宝宝一门心思想要推翻放在高处的东西，这类探求只需要自己“抬高一下”而已，可却偏偏差了一截！而在那些宝宝本想要自食其力的领域（比方说自己的午饭），他满心想要弄个明白，却不知为什么变得一塌糊涂。

如此看来，宝宝在这个阶段充满了极端情况：伴随着终于能坐、能掌控玩具的心满意足，那些不遂人愿的愤懑也在不断出现。人家明明想要向前挪动身体，好去征服那心仪之物——但却事与愿违地往后滑！自己想要拿起叫小勺的有趣玩意儿，去舀漂亮的橘红色蔬菜泥一饱口福，可即便搞定了爸爸妈妈，让他们终于顺从，最后却既没对准碗又没对准嘴巴。这难道还不够解释，为什么宝宝时不时要火冒三丈吗？如果这时候你想要帮助那噘着嘴又气呼呼的小家伙，想必他根本不会领情，因为他其实想自食其力！

除此之外，另一项发展也让宝宝的生活变得不容易：众所周知的怕生。宝宝会害怕陌生人而喜欢父母，这种现象产生的原因是他对建立"亲密"这一信任关系形成的初步意识。从我个人经验看，根据宝宝的性格不同，以及他与父母关系的亲疏，怕生的程度大有不同。同时，是否经常和不熟悉的人接触，用何种方式接触，也影响着宝宝怕生的程度。

例如，比起那些外向喜欢人逗的宝宝，一个怕羞而依赖父母的宝宝被人搭话时，会更容易开始哭闹。同样，一个习惯周围有较多人的宝宝，比起一个绝大多数时间都和妈妈待在一起的宝宝，则会不那么怕生。一个陌生人，也就是说一个不太被信任的人，假如采取循序渐进的方式：慢慢靠近宝宝，尤其是不要马上去抚摸他或抱他，更能成功地与宝宝交流。宝宝们这一时期需要做决定的事情太多，远远超过了他们的承受范围，也就是说被某个陌生人又摸又抱，甚至是亲了又亲，这些行为我们成人都难以忍受，更何况是宝宝。这一系列陋习说明，我们对于尊重一个幼小孩子的私密和界限太缺乏自知之明。正是出于这个原因，本部分特地以"尊重宝宝的界限"为标题，同样也以此作为婴儿期第三阶段的指导主题。

▶ **对宝宝开始形成的自主意识，以及和它同时增长的依赖心理缺乏理解，是这个阶段的宝宝仍然爱哭闹或再次开始哭闹的常见原因。**

接下去我们将会看到，"尊重宝宝的界限"对生活的各个方面意味着什么，以及宝宝和他们的爸爸妈妈应当怎么做，才能齐心协力地克服日常生活中的问题。

喂食问题的小贴士

在大多数情况下，吃饭是权力抗争开始趋向白热化的第一领域。在这里，宝宝的感受依然起决定性作用。宝宝对自己被从有趣的东西——比如说花盆——跟前拖走会怎样抗议？又该怎样气呼呼地斥责爸爸妈妈对他想要被抬高的意愿置之不理？对了，他"只能"哭闹。心肠硬的父母可以习惯这一抗议方式，于是我们的宝宝别无选择，只好伸手去抓起对妈妈来说不是无所谓的东西——食物。

不管是扔掉颜色好看的米糊，还是拒绝吃饭，都会让爸爸妈妈感到忧虑。但是，让我们试着去理解，为什么孩子会以这种形式（宁可自愿饿着肚子，也一定要自己拿）拒绝。直到今天，在我看来，人类渴望独立自主的需求，远比建立联系来得强烈，这仍然是发展心理学中最让人惊叹的认知之一！换言之，在一个健康的大宝宝看来，比起被妈妈夸奖但一直只是被勺子喂，自己用小勺舀米糊要重要得多！从进化角度看完全是可以理解的，因为如果宝宝没有这样强烈的愿望，想要自己去完成日常生活中的事务，那么他也就不会在长大后变得自立。假如大批外表已经长大，心智却依然不成熟的"妈宝"出现，那么人类的繁衍就会受到威胁，社会也会对此无法负担。性格不同，宝宝们健康而自然地追求自立的形式也截然不同。有的宝宝，一直到10个月大时还没有准备好自己拿小勺，但是有的宝宝，从一开始使用小勺喂辅食时，他就想主动决定节奏和分量。

▶ **对大一点儿的宝宝来说，出现拒绝吃饭的现象是完全正常的。然而，如果爸爸妈妈施加压力的话，喂食问题则会加重。**[1]

现在，孩子们的性格有多不同，父母们的性格也就有多不同。有些父母既不会因为宝宝吃得大汗淋漓而觉得不快，也不会因为宝宝想要自己决定吃多少而感到不高兴。但是，对那些控制欲强的爸爸妈妈来说，这些就是很大的问题了。即使一次又一次地擦嘴，或做好防护工作，他们仍不能避免小宝宝吃得满嘴都是，同样也不可能确切判断出有多少食物被小家伙送入口中。正是这点会引起某些父母的忧虑，从而让吃饭时间变得紧张兮兮。接着，在很多情况下，宝宝们会在真真假假的压力下"下咽"一定分量的食物。

单单从"下咽"或"我的宝宝不会吃得更多"这类我在工作中经常可以听见的表述就能明白，爸爸妈妈是多么不信任自己的宝宝拥有这一最简单的能力——知道自己是饥是饱。这也就说明了，宝宝们不是因为肚子饿了而吃饭，而是为了他们的父母。

这一心理动力学中的"幽灵"大多由于父母自身童年经历导致，我们已经在 4~6 个月大的婴儿这一节描述过。英国著名心理学家赛尔玛·弗莱堡（Selma Fraigberg）曾称其为"儿童房幽灵"。这一幽灵随着孩子年龄的渐长，出现得愈发频繁。许多母亲在宝宝 4 个月大时，已经因为小家伙的"走神"而忧虑，如今面对 8 个月大的宝宝，这种忧虑变得更加深重。如此一来，在这些大宝

---

1 这里的意思是，一个正常增加体重的孩子，没有一直获取（或被喂）一定分量的食物，或是不断拒绝某种特定的食物。

宝身上本属非常正常的拒绝吃饭现象（因为除此之外，他们无法再决定什么）就真的变成了一个严重的喂食问题。

压力会影响我们的自主性和尊严，于是每一个人甚至每一种动物在面对压力时，都会做出一定的反应。一个人越是能力不足，依赖他人，就会越强烈地维护自己脆弱的自尊心。如果我们能站在宝宝形成自主意识的角度感受一下，就很容易理解为什么宝宝面对压力时，会产生如此强烈的反应。他们宁愿饿着肚子放弃吃饭，也不愿被人气势汹汹地要求把嘴巴张开。就和我们认识的一位祖母或婶婶，硬逼着我们吃这吃那的情形是一样的，我们每个人都会对"强迫性吃饭"心生反感，不管我们是各方面都有自主性和能力的成人，还是依赖他人、手脚笨拙的小宝宝。但对小宝宝来说，除了吃饭，其他方面都不在他的掌控之中。

▶ **一个经常且持续被逼着吃饭的宝宝，毫无疑问会觉得自己被强迫，出于自我保护，他会强烈地抵抗。**

因此，请你尊重孩子吃饭时的节奏和分量。请你不要把小勺或奶嘴硬塞到宝宝嘴里！这种感觉有多可怕，你自己试一试就知道了。你对宝宝这小小的意愿干涉得越少，也就能越快地解决这个暂时的吃饭问题。请把宝宝吃饭的地方安排在这样的环境里——那些不可避免的泼洒出的食物不会弄脏你心爱的地毯或者新刷的墙。这会让你放松许多，而你放松的心情恰恰也能让吃饭变得轻松。

还有这个：

▶ **请不要举着一勺满满的食物，放在还在咀嚼着的孩子的嘴边。**

这也是不言而喻的，可很多爸爸妈妈却没有放在心上。这伴随着喂食出现的现象多么让人不舒服，你可以在伴侣的身上试一试，肯定立刻就能理解拒绝吃饭的宝宝了。

▶ **宝宝把小嘴张开，表示要吃下一口；宝宝多次转过脸去，意为吃饭时间结束。**

喂食是人们和孩子之间最早的以伙伴状态相处的互动之一。请你再想一想乒乓球赛的例子："乒"的一声，一个人把球打过去，"乓"的一声，另一个人把球打回来。就和比赛时的节奏类似，喂养宝宝也应该包括主动方与被动方的成功互动，也就是说，它是一种待命的行为。只有这样，吃饭才会让双方都显得满足而"成功"。

还可以添上一个很有用的小贴士：

▶ **用小勺喂食的话，要在宝宝还没有"饥肠辘辘"时进行，并且另外给宝宝一把小勺捏在手里。**

对于肚子已经咕咕叫的宝宝，由于他的进食本领尚不成熟，仅靠小勺去喂饱他，速度未免太慢了。那么，宝宝频繁地感到不安而抗议，也就理所当然了。你也会看到，如果两人手里都有小勺，宝宝会想"赶走"你手里的那把。在必要情况下，你和宝宝的小勺也可以交换。简单点说，一切让喂食显得民主的行为，都可以让正在争取自主权利的小宝宝的生活变得轻松，而你自己也会感到轻松。

此外，也请你在生活的其他方面带着尊重的心情和正在长大的宝宝相处。宝宝还那么小，能力有限，万事还要依赖你，你的尊重恰恰对建立其自信心无比重要。在实践中，比如刷牙、剪指甲或洗头的时候，你可以向孩子进行展示，而不是简简单单地"一挥而就"。因为你还要在孩子的整个童年进行这些日常护理，所以不让这些事变成战争实在至关重要。为了轻松的亲子关系以及整个家庭氛围着想，指甲偶尔剪得不整齐，牙齿没刷干净或者头发没洗干净，在宝宝的这个阶段都是一桩值得做的"亏本买卖"。就和减轻吃饭负担的方法一样：一个被允许自己先"刷牙"的宝宝，之后也会愿意把牙刷交给妈妈代劳。一把（在监管下）可以自行研究的指甲钳，和从爸爸手里抢过来的相比，就没有那么让人激动了。

睡整觉的小贴士

当宝宝长到 6 个月左右，看起来不再那么柔弱无助时，有越来越多的亲朋好友会经常抛出这个讨厌的问题："哎，现在宝宝能一觉睡到天亮了吗？"大多数父母会略带羞愧地支支吾吾，解释为什么他们的宝宝现在还不行。而内心深处，他们整天也在问自己同样的问题。

睡整觉是婴儿期的热门话题。面对一个可以一觉睡到天亮的宝宝，人们会产生更多的好感，也会投去充满妒意的眼光。有这样宝宝的父母好比彩票中奖者，骄傲地捧着这个奖品四处招摇。如果你不属于这个让人羡慕的圈子，请安慰自己：你属于受够了的大多数。只有 38% 的宝宝能在 6~9 个月大时做到睡整觉——即使他们那精疲力竭、黑着眼圈的爸爸妈妈已经热切盼望多时。

我们怎样才能让宝宝再次进入天使状态：可以至少连续睡 5 小时？为人父母的生活就这点而言也往往是不公平的。这世上有情绪稳定、从来不会长时间哭闹的宝宝，同样也有天生的"一觉睡到天亮"的宝宝，这就像中彩票一样不可预期。身为父母，我们虽然不能对此操控，却可以创造有利条件，使宝宝安睡整夜成为可能，换言之，我们可以教会他们一觉睡到天亮。

满 6 个月后，宝宝们还需要在夜间进食吗？

必须吗？不是。想要吗？是的。理论上，一个健康的、营养良好的宝宝满 6 个月后，不再需要在夜间进食。这里的意思是，宝宝从晚上 10 点到次日早晨 5 点左右，不再需要通过吃东西来保证其健康成长。飞速长身体的阶段已经过去，宝宝在体重方面早已不止翻了一倍。接下来宝宝将进入智力发展和运动能力发展的黄金期了。

目前为止，一切都好。可惜，这一认知却没有及时传达到宝宝那里。特别是母乳喂养的宝宝，在夜里他趴在妈妈胸口不走，仿佛在防备很快就会到来的饥荒。的确也早有这种言论，即"母乳喂养的宝宝在晚上睡得特别差"。可为什么事实会是如此呢？按照流行说法，母乳中的营养在慢慢减少，所以宝宝夜里会觉得肚子饿而醒来——这绝对是谬论。关于母乳的质量，社会上普遍流传着各种各样的故事，这些故事在我眼中纯粹都是出于嫉妒。一方面，哺乳作为共生的象征，刺激着那些希望有此安全感却得不到的人；另一方面，哺乳也代表着"女性生殖力"，也就是说妈妈自身能付出营养的力量。妈妈生下宝宝后，独自一人喂养宝宝的能力，也使她骄傲。为此，有些纯母乳喂养的妈妈会在添加辅食时感到困扰，因为这样一来，宝宝就不再是她唯一的"产品"了。

但请先看事实：对于母乳的分泌，人的天性并没有忽略掉任何一个时期。母乳不但能按照宝宝需要的量做调整，也会按照宝宝当下的需要做成分上的调整。即使在宝宝生病时，它也会有所准备：比如当孩子腹泻时，母乳的含水量就会比宝宝健康时突然增多。根据我的经验，母乳喂养的宝宝会出于两个原因在夜间频繁醒来：其一，他已习惯了白天少量多次地喝奶；其二，他已习惯了把吮吸作为辅助入睡的手段。针对第一个原因，请延长哺乳的间隔，也就是说确实做到每3小时喂一次，好让宝宝真正感觉饥饿并且多喝。针对第二个原因，这一辅助手段其实是十分合乎逻辑的：正确！在夜间不能"简简单单"断奶。因为哺乳并不单纯是一种供给营养的方式，宝宝还可以从中获得许多温存和爱抚，因此，比起用奶瓶喂养的孩子，母乳喂养的孩子要有规律地断奶，尤其是在夜间断奶，也就要困难得多。另外，针对吃配方奶的孩子，有一个窍门可以帮助他们逐渐在夜间断奶：

▶ **逐渐减少夜间喂奶的奶粉量。由此产生的"白颜色的水"，对宝宝没有太大的吸引力。**

自然，母乳喂养的宝宝在夜间断奶要困难得多，因为我们无法使用这一窍门。最理智的做法是，先取消夜间的一次喂奶。事实证明，取消夜间2~3点的夜奶较为有利，它有两个好处：第一，宝宝在夜间 10~11 点刚刚吃过，那么你就不用担心他的抗议是因为肚子饿；第二，这么做可以帮助宝宝在其核心睡眠时间安睡。这个方法也同样适用于吃配方奶的宝宝，我们可以从稀释配方奶开始，直至完全取消这一餐。

　　到目前为止，一切都进行得有条不紊。现在，我们更进一步，接近了母乳喂养的妈妈们的中心问题："如果断奶时宝宝大哭大闹，我该怎么办？"毋庸置疑，宝宝们会抗议，因为一个他们最喜爱的习惯和享受正在被取消。其实，即使是别的事，只要违背了宝宝们的意愿——比如在冬天给他们戴帽子，他们也会抗议。那么，只要他们抗议，你就应该让他们受冻吗？或者说，你应该在接下去的几个月中，毫无必要地在夜里被叫醒吗？我认为，每一对父母，确切地说是每一位母亲，必须自己回答这个问题，问自己是否已做好准备为那盼望已久的安睡整夜做些什么。关于这点，变化很少会自然发生，至少不会出现在宝宝出生后第一年，甚至是一年半里。为了实现某些成长，你的孩子确实需要你的支持。你很难把这一决定和责任指派给宝宝。还有一点无论是在工作中，还是在自己的孩子身上，都让我无比惊讶，即让 6~8 个月的宝宝在夜间断奶竟是那样快速而简单的事。只要 1~2 天的时间，宝宝基本不需要经历很多哭闹就能顺利断奶。但是，在一个 1 岁左右的宝宝那里却困难得多，因为吮吸习惯持续了较长时间，宝宝已经不会轻易放弃了。我知道（尤其是根据自己的经验），出于为（特别是）第一个孩子做好了吃苦的准备，以及对宝宝的担忧，父母会觉得在夜间断奶几乎是在故意折磨宝宝。只有当爸爸妈妈彻底累垮，宝宝能休息得好一些，少些哭闹，他才能一觉睡到天亮。但是，归根结底，睡整觉其实很好做到，因为现在该爸爸出场了。

▶ **比起妈妈，爸爸更容易让宝宝睡整觉，因为他身上没有奶味。**

　　请挑选爸爸休息的那几天，最好让他和宝宝单独待在卧室里。这能让所有人都觉得轻松。比起妈妈，爸爸可以更好地安抚一个习惯吮吸着乳头继续睡觉的宝宝。宝宝在他那里更容易接受一小杯水当作止渴剂——最好还是用小水瓶，好让宝宝不用再适应一样新事物。在妈妈那里，宝宝自然会想要吃奶。如果你是单亲母亲，可以让宝宝熟悉的外祖母或者关系好的女友来帮忙。下面一点也会很有帮助：

▶ **请不要在临睡觉前给孩子吃最后一顿奶，而应该提前 15 分钟，避免孩子将吃奶和睡觉混淆在一起。**

　　一个在黑暗的房间里吮吸着乳头或奶嘴入睡的孩子，也会在夜间再度需要这个状态。但是，如果你的宝宝属于这一类——虽然需要一点儿帮助来入睡，但能毫无问题地睡到天亮，那么你自然也不需要取消他这种"吮吸入睡"的享受。我们在关于 9~12 个月宝宝的章节中，还会就所谓入睡程序的优缺点进行探究。

　　对于这个阶段的宝宝，重要之处在于，你能够逐渐让宝宝在夜里不再需要吃奶。对孩子而言，好处是身体可以得到较长时间的休息，特别是肠胃系统，但真正重要的是让爸爸妈妈休息好，从而在白天能更好地照料宝宝。在孩子的这一阶段，这一切相对而言还是比较容易达成的。但是，如果你觉得在夜间喂奶不算很辛苦，你即使无法睡整觉，早上还是有足够的精力，那么也不必强制断奶。

支持宝宝自己玩耍的小贴士

在宝宝长到一定月龄后，没有什么能比他在白天可以自己玩一会儿，让爸爸妈妈更期待的了。接连数月持续不断地照顾下一代，让父母积蓄的能量慢慢耗尽。自己玩耍对宝宝的成长可以说既有用也有益，一个 8 个月大的宝宝不再需要不断的身体接触或持续的"手把手玩"（补充一下，这种被动形式对无论什么年龄的孩子都没有帮助）来保证其成长。

在我们了解让宝宝自己玩变成可能的因素前，先来看一看这个阶段的宝宝究竟"会什么"。那些 8 个月大的宝宝，如果能将注意力集中 15 分钟左右，就已经很不错了。这并不是说，这么大的宝宝在一整天里总共只能自己玩 15 分钟，而是一天之中会有好几次宝宝不需要爸爸妈妈，能够自己玩耍。宝宝的日常生活流程如下：会有短暂自我探索的时间，然后是想和爸爸妈妈一起玩的时段，还会有觉得疲倦、心情糟糕而需要身体接触的时候。更多的独立自主的状况现在还无法期待，一直要到满 18 个月后，大多数宝宝才能长时间地玩玩具。

为什么需要等这么长时间，宝宝们才能自己玩耍呢？宝宝出生伊始，身边就有一大堆奇妙的玩具围绕，让他有极多的娱乐选择。而了解儿童玩玩具的意义，会帮助我们理解这一疑问。玩玩具，粗略点儿说，就是一项对日常事务的实验、模仿和尝试，宝宝从中可以学习其周围环境的运作方式，比如通过抓要装水的杯子以了解其作用，而宝宝拿着遥控器打电话（因为遥控器看上去和电话很像）则是在练习爸爸妈妈的社会行为。

假如这一切意义深远的练习是成长的必经之路，那为什么宝宝们不能偶尔练习得久一点儿呢？如果我们再次把自己代入到这时已经长大许多的宝宝身上，就会明白为什么了。建设和稳固的亲子关系对生存至关重要，依然是婴儿期的第一要务。为此，小宝宝和大一点的幼儿才会赖在爸爸妈妈身上。由于渐渐意识到对父母的深爱和依赖，孩子同时也开始怕生，担心被抛弃的忧虑仍然很大，因此他们做不到长时间轻松地自己玩。在人生的前 3 年中，孩子们会慢慢学会信任父母，也就是说，他们不再会因为忽然独自一人而惊慌失措。他们也将变得足够成熟，去忍受更长时间的分离，比如离开家去幼儿园。

让我们看看以下 3 个使孩子自己玩变成可能的因素：

1. 一个在场的相关人；

2. 一个好玩的，但不是堆满玩具、乱七八糟的环境；

3. 支持宝宝自然地集中注意力。

我们已经阐述过第 1 个因素，但不妨再用一个小例子来说明一下。请你想象一下，你在等待你的伴侣，他应该早就下班了，可是打电话却联系不上。你还能心平气和地专心做事吗？对一个 8 个月大的宝宝或还年幼的孩子来说，也是如此。如果他看不到你，听不到你的声音，你在他眼里就是消失了。孩子心中忐忑不安，无法兴致勃勃地玩耍，自然再正常不过，这也是良好的亲子关系的标志。如果你想要孩子学会自己玩，就是说，如果你不想靠点外卖为生的话，可以让孩子在厨房里清理一个盒子，总之就是把孩子带在身边，让你们两个人一直同处一室。

针对第 2 个因素：要让宝宝尽兴地玩，最不需要的就是玩具太多，特别是像高塔似的叠放在一个隧道般的收纳容器里——这又在所有玩具制造商和热衷购物的亲人脸上打了一记耳光。这个阶段宝宝需要的不过是一个球、一个小玩偶、一面悬在玩具架上的宝宝镜（小孩子们喜欢看自己在镜子里的模样），以及各式各样不同形状的可以探索的小东西。

▶ 请每次只给宝宝一个玩具探索，如果宝宝对这个玩具失去了兴趣，请立刻把它拿走。

把一大堆充满诱惑力的玩具放到宝宝面前，宝宝就搞不清自己到底想玩什么了，它们看上去都那么好玩！宝宝会玩一会儿这个玩具，接着又去看那个，再下一个，这么多分心的东西让专注一样事物变得不可能。请你注意，把玩具装到盒子里，再放到一个小架子上，让宝宝自己也可以拿到。在那里，你还可以布置一个小图书角放置他最喜欢的图书。在这个年龄，玩具柜最好还是放在客厅中，因为那里是所有人走动最频繁的地方。

对于最后一个因素：如果没有爸爸妈妈在一边打扰，宝宝们常常能够自己玩得兴致勃勃！现在，你也许要抗议了：我可从来没有在宝宝玩的时候妨碍过他！然而，让我们稍做思考，在这个阶段，"玩"究竟意味着什么——在根本意义上，"玩"表示探索自然世界而不是探索玩具盒，那么我们就要修正一下自己的观点了。有多少次，我们在给宝宝换尿布的时候，拿走他手上的宝宝霜和他好不容易才弄到手的遥控器？又有多少次我们阻止宝宝搅拌米糊、清空花盆……你现在要说："但是万事也得有个限度！"自然万事要有限度，但是好好思考一下你到底不想让宝宝触摸什么，并且把这样东西从"危险区域"移走，则是理智的做法。除此之外的一切行为都会造成不断的冲突，也会让日常氛围变得紧张。也请你安静地想想，如果宝宝想要打开宝宝霜，是不是真的就那么糟糕？而那必定有趣至极的遥控器（因为我们如此兴致浓厚地使用它，表明其必然出色）又是否真的不可触摸？在这个成长阶段中，站在宝宝的角度看问题，比站在技术员的角度（他会觉得宝宝把口水弄到机器上很可怕）看要更有意义。

▶ 宝宝最希望被允许触摸我们日常生活中的物品——他们并不像我们想象的那样，那么容易弄坏东西。

关于这一点有个故事：从前，我在咨询所的接待室内放置了一个婴儿护理台，为了节省空间，桌子的下方堆满了文件。尽管桌子下方挂着帘子遮挡，但对一个有探索欲的宝宝而言仍然是触手可及。很长时间以来，不单是爸爸妈妈，我自己也会阻止宝宝接近这个帘子和里面的文件，所有宝宝都对这种白费力气的"抓捕"深感气恼。有一天，我决定站在一边，放开宝宝的手，看看究竟会发生什么。你能猜到吗？什么都没发生。宝宝意识到，这里不再是禁止区域，于是感兴趣的程度也大大降低。有些宝宝只是拉起帘子，另一些也只是摸了一会儿文件，只有极少数宝宝才会偶尔拉出一张纸。于是我和每个宝宝的父母商定，只有当宝宝开始想要撕纸（这是我心里的底线）的时候，才过去抱走他们。我经常听到父母说，我肯定会遭殃，因为他们的多米尼克（或者茱莉亚……）肯定会把文件搞得一团糟。但是，出乎我的意料，更出乎他们爸爸妈妈的意料，这样的事几乎从来没有发生过。很少会有一个孩子想要"撕碎"文件，如果有的话，我们就会把他从护理台边抱走。类似的经历在我自己的孩子身上也发生过。

▶ **允许宝宝触摸一切没有吞咽危险（或者说真正危险）的物品。只有一直被禁止做这做那的孩子，一旦脱离监管，才会变成"破坏者"。**

不断拿走宝宝手里的东西，会在两个方面造成问题：一方面，宝宝会为不公平的对待而感到愤怒，为什么他不能用那些别人都能用的东西；另一方面，宝宝也学不会有分寸且小心翼翼地摆弄一样东西，因为他根本没有机会。如此一来，那第一把他好不容易搞到手的餐刀就会真的造成危险，因为这个一直被压制着探索欲的宝宝会猛烈而迅速地（生怕被爸爸妈妈发现）摆弄它。

▶ **很早就被允许触摸日常物品的宝宝，既能更好地发展其综合能力，也能更好地掌握精细运动能力。另外，他也是更为满足、平静的同龄人，因为探索帮助他获取了骄傲和自信。**

今天，我们从发展心理学中获知，宝宝只有在触摸事物的时候，才能真正了解其内容，因为通过接触，脑细胞的连接才开始形成。简单点儿说：只有通过将物品握在手中，宝宝才能成功而完整地储存"这是一个厨房钢丝球"的信息。尽管如此，你还是应该允许宝宝拿你自己认为安全的物品。不然的话，宝宝会意识到你那持续的担忧和紧张情绪，而紧张气氛会成为父母与宝宝之间的长期负担。还有这点：

▶ **宝宝应自己决定何时想要玩，而不是他们（经常伤神）的父母。**

如果爸爸妈妈不希望宝宝们这么做，他们便不会去按按钮——可惜以后再也不会按了。在总体气氛不错，且大家都休息充分的情况下，一个寻求关注的宝宝大多不会被视为负担。但随着傍晚临近，所有人开始觉得疲倦，或要做饭的时候，"宝宝终于可以自己玩一会儿"的呼声就会响起来。对此：

▶ **请注意宝宝的专注时刻。不要在宝宝专心玩的时候和他说话，或离开房间打断这一时刻。**

日常生活中，这种事发生的频率比我们认为的要多。当你的孩子全神贯注投入到一件东西上时，这段时间应该是"神圣"的。你甚至可以把这段时间延长一些，和宝宝一起摆弄玩具，直到你觉得宝宝逐渐失去了对这个玩具的兴趣。

> 请尊重宝宝开始出现的自主意识，尽可能让宝宝在所有日常行为上（穿衣服、喂奶的速度和时长）一起做出决定。如果宝宝做不到睡整觉，让宝宝在夜间断奶，并努力让宝宝逐渐不需要帮助也能自行入睡，既是明智之举也不失为一个好时机。你可以通过留在房间，设置一个玩具不要太多的环境，以及允许宝宝不受干扰地探索物品，来培养宝宝自己玩玩具的能力。

理解因自主和依赖产生的冲突——婴儿期第四阶段（10~12 个月）

第一年的旅行即将渐渐画上句号。我们那曾经的小小婴儿已经迈着大步接近了幼儿的月龄，爸爸妈妈看着这一切，既不舍又高兴，时光飞逝，第一年即将匆匆过去！现在，小宝宝已成长为一个有着鲜明个性的真正的人，并且对外部世界的兴趣与日俱增。一项能力的发展对宝宝助益良多：直立行走。无论宝宝已经能自己走，还是要扶着东西走，都是一样的——那"地板居民"的爬行生活终于一去不返！孩子满怀喜悦地第一次站起来，和爸爸妈妈四目相对，这一幕是多么令人感动。直立行走的能力不仅仅是人类进化的里程碑，也为宝宝带来了一种征服世界的感觉。

宝宝十分需要这一自信心的助推力，因为他现在还处于一种进退两难的境地，而这一点在之前的婴儿成长阶段就已开始显露。宝宝的好奇心和探索欲由于越来越完善的运动机能变得更容易满足，但同时又和他仍旧存在极大的依赖心理相矛盾。一个孩子很少走得太远，也许只是走到另一个房间，就会很快被自己的大胆吓了一跳而哭着喊妈妈。是的，在这个阶段，只要妈妈还是主要看护人，就会是又一轮"要妈妈"的"繁荣期"。

然而，这里逐渐出现了一种社会变化。根据我的经验，许多爸爸也希望能争取到育儿假期。但是由于经济原因，这在很多家庭难以实现，只有 2%~3% 的父亲能承担起主要责任照顾宝宝至少3 个月。虽然在过去的几十年中，在照顾孩子和家庭方面，爸爸们的角色和投入已大有改善，但直到今天，依然主要是妈妈独自一人照顾着宝宝——尤其在白天。由于怀孕和哺乳的原因，妈妈在宝宝那里先天就拥有一定的优势，因此她们几乎一直是专业书里所说的"第一秩序的相关人"。对一个孩子来说，早在婴儿时期就能和这样的第一秩序相关人逐渐建立情感联系，可谓重要至极。对经常面临关系中断危机的孩子而言（孩子在童年时期频繁搬家，或是寄养到不同家庭而多次更换监护人），一位慈爱而可靠的看护人带来的效果有多大是很明显的。他就像是避风港，特别是当孩子因为疲倦、受了点儿小伤或因挫败感而失去内在平衡时，能在所有可以寻求安慰的人里优先选择某一位，其实是孩子心理健康成长的标志。这也许能给那些经常被哭着鼻子的孩子拒绝的爸爸们，以及总是要充当保护者却不堪重负的妈妈们带来安慰。但是，当妈妈不在家的时候，原本黏人的"妈宝"也会和爸爸度过非常愉快的一天，直到妈妈再度出现时，他才又对妈妈依赖起来。

就这一阶段有待处理的成长主题而言，不同宝宝的依赖程度也大不相同。因为性格不同，有些宝宝非常黏妈妈，也喜欢更多的身体接触，但有些宝宝从 11 个月大开始，就径自往前爬而没有回头一次。这些都是正常的。只有当宝宝出现极端现象——在吃饱睡足的情况下，除了妈妈不愿意与任何人接触——才要思考为什么宝宝这么缺乏好奇心，或者另一个极端——一个宝宝不分父母和陌生人，会跟着任何人走——也要探究一下为什么宝宝这么不需要联系。在那里究竟会发生什么，我们会在第三章的最后概括，现在先回到宝宝那介于自主和依赖之间的两难境地。

▶ 什么才能帮助这个时期的孩子？一切支持其自立、尊重其依赖的做法。

意思是，比如，当一个宝宝在换尿布时玩着宝宝霜，想要拧开盖子，我们应该尽量不要为了快点儿穿好衣服而阻止他。如果宝宝玩得不松手，请为其专注力感到高兴，并注意房间是否足够温暖。将来在换尿布的时候，让宝宝拿着电话更容易打发时间。自然，我们没必要在每次换尿布时都让他做些什么。重要的是，关注什么时候宝宝正在自主研究什么，并留给他充足的时间，而不是拿走宝宝霜，只为了快些把毛衣套好。

这也表示，所有宝宝都会尝试模仿我们的动作，比如自己用杯子喝水，或是拿着小勺搅拌，请你耐心地应允或至少是听其自便。这么做能大大增强宝宝的自信心和满意度，同时也可以改善家庭氛围。

▶ 尽量让宝宝在生活的方方面面都充当"领导"的角色。

举例来说，言下之意是，在换尿布时宝宝可以自己决定什么时候使用宝宝霜，或在穿衣服的时候好似做游戏一般，让宝宝可以自己把手伸进袖子里，而不是被硬塞进去。而宝宝在被喂食或自己吃饭时，能够自行决定吃多少，用多快的速度吃，也应该是理所当然的。这一切经常要求父母拥有禅师的耐心和蜗牛的速度。但是，如果想要和宝宝过上和谐的生活，那你无论愿意与否，都必须具备这两项素质，将来你也必然会把这些素质作为生活感受而倍加珍惜。单单是宝宝被允许探究些什么时眼里的喜悦，也会让许多好似虚度的时光显得不那么难熬。

让我们回到事情的不利之处，也就是说宝宝增多的依赖性。在这里，我们又要再度把自己代入到一个有依赖性的孩子的感受中。对爸爸妈妈来说，去理解一个正在饶有兴致钻研的大宝宝怎么忽然又变成一个爱哭闹的小宝宝，往往并不容易。现在，也许我们能够更好地理解，当内心各种矛盾纷纷出现时，宝宝会是何种感受。

▶ **请回忆你初恋时忐忑不安的心情，请自觉地让宝宝和你待在一起。**

如果还远远不会自我探索的宝宝，一旦看到你离开房间，就突然开始号啕大哭，对此想必你可以理解。主动离开某人，比被某人丢下要容易得多。请你努力不要对孩子的依赖感到生气，而是回想一下自己初恋时的感受。那时的我们要比现在的宝宝年长10~15岁，有了一定的理解力，也就是说，我们可以说服自己（尽管往往不尽如人意）。但是，一个宝宝却不能对自己说："嘿，不要激动，妈妈只是上厕所去了，马上就会回来的。"很多孩子如果听到消失者的声音，能够通过说服自己而安静下来。然而，这一做法不可能一直奏效，所以如果宝宝在哭，你甚至要把他一起带到卫生间。我们还会在"能和爸爸妈妈分离"的小贴士这一部分（第153页）中，进一步探讨这个主题，以及它给日常生活带来的影响。

喂食问题的小贴士

在 10~12 个月大的宝宝那里，很少会再出现新的喂养问题。如果有冲突，也大多早在宝宝 7~8 月大时就出现了，只是直到今天也没有很好的办法去解决。许多方法能让宝宝在最后一个婴儿成长阶段津津有味地吃饭，令父母的生活变得轻松，我们已经在上一章的内容里了解过了。而眼下这个阶段的优点在于，孩子的运动机能进一步成熟，能够更好地与想要自己吃饭的意愿相协调。在喂食时，喂糊状食物造成的食物泼洒问题，正通过能用手拿的固体食物而减少。

▶ **请给宝宝提供可以自己拿着吃的固体食物（先给土豆块、胡萝卜块），而你同时喂他糊状的相同食物。**

这对父母和宝宝都有好处：宝宝可以自己尝试吃东西，而父母则觉得还可以把一定量的食物"塞到"宝宝嘴里。这么做在这个阶段也是必要的，因为 1 岁左右宝宝的吃饭技术，还不足以让他自己吃完整顿饭。

▶ **只要可能，请和宝宝一起吃饭，从而避免"一个不吃饭的大人盯着一个吃饭的宝宝"的情形。**

这其实是一项完全合理的规则，如果不遵守的话，即使是一个成年人也会没有胃口。我知道，和孩子一起吃饭，对许多父母而言往往压力颇大，因为这很不轻松。如果宝宝不在乎吃饭的时候被你目不转睛地盯着，你大可继续如此。但是，如果用餐时间变得越来越紧张，那你不如和宝宝一起吃饭，这样一来，你可以分散注意力，而且不会那么辛苦地举着小勺等待小家伙张嘴吃下一口。假如你的宝宝对食物极有兴趣，也就是说，想吃你盘中的食物，那么无论你情愿与否，都应该让每个人盘中的食物保持一致。而到1岁之后，这也不再是那么困难的事了，因为宝宝可以越来越多地吃和其他家人一样的食物。

就算只是为了遵循正常的饮食规律，来保证身体的消化时间，最迟现在宝宝不需要在夜间吃东西了。

此外，这点也很重要：如果你有一个不怎么爱吃饭的孩子（当然有这样的孩子），请不要对此小题大做。不断地告诉宝宝要吃多少，这会成为宝宝胃里的负担。

宝宝在吃饭时会麻烦到什么程度？

大月龄婴儿和学步幼儿的爸爸妈妈经常提出这个问题。这里我们又会遇到两种极端：有一些孩子，每天面对着最爱吃的食物，也就是说，一顿午餐可以有各种选择；也有一些孩子，他们的爸爸妈妈严格遵守理想的健康饮食理念。

这两种情况都是不合适的，因为它们都没有顾及宝宝那不断变化的需求。当然，宝宝可以不喜欢某一种食物，比如说菠菜，也没必要非吃不可。我们每个人也有喜欢和讨厌的食物。除此之外，婴幼儿也有这样的阶段，他们会喜欢某种特定的食物并且一直想吃，而另一些食物则碰也不碰。我们可以认为，宝宝们在每一个不同的阶段，很可能出于健康成长的目的，恰恰需要这种食物的营养成分。如果你的宝宝也有这样的阶段，比如在所有水果里只喜欢吃香蕉，或者在碳水化合物里只想吃面条，你就由他做主。如果你的孩子喜欢蔬菜，不喜欢水果，也不是问题。只要宝宝吃两者之一，就不是问题。而宝宝喜欢何种形式的食物，也不重要。如果他不喜欢吃块状食物，就把食物捣成泥。但是，甜品却应该等到 2 岁以后才让宝宝接触。

最明智的做法是考虑所有家庭成员的精力和兴趣后量力而行。一般而言，午餐桌上只有一样大家都喜欢的食物，而不是提供两三种花样供宝宝选择。如果宝宝突然换了口味——上个星期还吃得津津有味的食物，今天却"呸"了出来——作为替代，请妈妈给宝宝黄油面包，而不是再去做新的。因为从中太容易发展出权力竞争，赋予吃饭这一活动一个不必要的，特别是不利的含义。就和父母应该尊重宝宝的意愿一样，宝宝也要知道他不是世界的中心，爸爸妈妈的精力也是有限的。因此，一切只顾及宝宝的需求的做法并没有意义。

同样，坚持百分之百的理想健康饮食也并非明智之举。如果你的宝宝什么都爱吃，尽管一开始不会出现什么问题，但是到该上幼儿园时，孩子就会被特别要求"不准吃"（比如甜食或小香肠）而成为与同龄人不一样的人。这的确会给宝宝造成很多困扰，因为对他们而言，能得到同龄人的肯定非常重要。长远来看，这一做法在饮食习惯上也不会成功，因为一旦有机会，宝宝就会把父母禁止吃的食物往嘴里塞，并且雷打不动地将其加入自己内心的食谱里。

▶ **一切给吃饭这一活动带来负担的事情——过于考虑孩子的心情或固执地坚持理想健康饮食理念——都会加重喂食和吃饭的问题。**

在使用免烹调食品需要注意的是：如果你给孩子吃即食食品，那么请事先尝一下味道。宝宝拒绝某些婴儿或幼儿食品只是表示口味不合，而非喂食问题。只给孩子吃你自己也觉得可口的食物，并请注意，宝宝同时也要吃新鲜水果，或作为替代的（烹调过的）冰冻蔬菜。

如果在从婴儿罐头食品转换到家庭日常饮食时遇到了问题，可以使用这个小诀窍：请你在罐头食品里逐渐混杂自己煮的食物，加到尝不出自制食物的味道即可。如果宝宝不喜欢即食食品的味道，这个方法也能反过来用。一个煮熟的土豆，混合以即食土豆泥，如果需要的话再用新鲜香草调味，就能补救其不佳的口味。最省时的转换到日常饮食的做法是：用冰冻蔬菜和土豆制成 2~3 天能吃完的蔬菜泥，按照每一顿需要的量给宝宝吃。而必须摄入的肉泥也可以用同样的方法制作较大的量，装入小袋放进冰箱，吃的时候按需加入蔬菜泥。

入睡和睡整觉的小贴士

在我们的咨询所，这一月龄前来就诊的婴儿中，无法睡整觉的占了 70%。此时已接近 1 岁的尾声，当然可以理解爸爸妈妈们已经完全筋疲力尽，没有比想要连续睡上五六个小时更迫切的愿望了。但是，他们的宝宝对此却不大感兴趣，在夜间会不止一次地需要吃奶、抱着哄睡或别的助睡手段。

也许，我们应该在一开始就听听这个坏消息，好让你不要和很多家长一样怀有不切实际的期望。

▶ 婴儿和幼儿归根结底无法睡整觉。

这个阶段的孩子在夜间平均醒来 1~2 次，但理论上很快就能安抚好。某些晚上，他们也很有可能一觉睡到天亮，但不会一直如此。这是正常的！只有当一个孩子在好几个星期里经常醒过来 1~2 次，每次会醒 1 个小时或更久，同时又哭个不停，我们才能客观地认为这是睡眠问题。

到现在为止，宝宝的睡眠问题看起来很糟糕。我们就此已经在关于 7~9 个月大的宝宝的章节中谈论过。现在，让我们再一次深入探讨，寻找一个切实的解决方法。

根据经验，大月龄的宝宝醒来次数增多主要出于 3 个原因。

1. 身体原因。

2. 精神原因。

3. 和年龄不符的助睡手段。

1. 身体原因。

身体原因指的是宝宝生病（主要是发烧、出牙）或处于婴儿能力飞跃期（每 3 个月的婴儿成长阶段末期，宝宝经常会饥饿感增加）。这些原因容易理解，而你也已经有所了解。先前能够睡整觉的宝宝，会有一点点脱离正常轨道，特别是当他生病，被允许睡在父母床上的时候[1]。在大多数情况下，等宝宝差不多康复时，他也能较容易地恢复自己原先的睡眠习惯。

2. 精神原因。

精神原因指的是所有让宝宝在夜间和爸爸妈妈分离变得困难的因素。就像成人一样，当孩子们心中有了"忧虑"，就会睡得差。"忧虑"在这里主要指的是害怕分离，也就是说，在孩子心目中，一整晚和爸爸妈妈分离非常困难。对所有的小孩子来说，这一分离理论上是一项不容易做到的、需要攻克的、巨大的成长任务。如果再有其他负担添加进来，尤其是白天的分离多起来（妈妈回归职场或宝宝要去幼儿园等），那么晚间就会影响到宝宝的日常作息。宝宝在白天没有得到什么，晚上就要将它弥补回来。此外，有些事件也会搅乱轻松的夜间睡眠，比如家中气氛变得紧张，或是弟弟妹妹出生，等等。就这一点看，按照我的经验，这与过量负担的"客观"程度关系不大，而是和孩子的性格有关。有些宝宝能坦然面对一般的身为人总要承受的负担，甚至可以容忍更多。但是与之相对的，敏感且易怒的宝宝却很容易不知所措。爸爸妈妈必须据此调整自己，并相应地多为宝宝考虑。

精神原因是否真的影响宝宝的睡眠，能够通过以下情形看出来：宝宝一个人不需要帮助就睡着了，却在夜里哭着醒过来，一定要去爸爸妈妈那里。在这种情况下，你应该把宝宝抱在怀里安慰，一旦安抚好就把他放回小床继续睡。如果在某些情况下完全行不通的话，那么最好的解决之道还是给他必要的被保护感，把

---

1 对一个因生病而呻吟的孩子来说，这当然是一个好方法。但是，有些孩子再睡回自己的床会有困难。因此，请你在孩子生病的时候，最好还是尽量让他睡自己的床，只有实在不行的情况下，才把他放到爸爸妈妈的床上。

他抱到爸爸妈妈的床上一起睡。

3. 和年龄不符的助睡手段。

这里的意思是，一个大月龄婴儿和3个月以内小婴儿的入睡习惯是不同的。小婴儿大多还需要通过喂奶或抱着走才能睡着。这种帮助入睡的手段，在大月龄婴儿那里却多半没有效果。如果宝宝真的习惯如此——他吮吸乳头或奶嘴，常常需要至少1个小时，直到他睡着为止，或者父母要花几乎一样的时间抱着他走来走去。原则上，这在宝宝眼里倒没什么不妥，但重要之处在于，一旦他在夜里醒过来，就仍然需要这个已经习惯的手段帮助他再度入睡。对父母来说，这就意味着必须要在夜里最累的时候爬起来，把宝宝抱在怀里走几圈。如果宝宝夜里要醒好几次，并且要借助这些助睡手段才能再次睡着，那么这些手段肯定就是造成睡眠问题的原因之一了。

根据我的个人经验，这些与年龄不符的助睡手段造成了宝宝绝大多数的睡眠问题。然而，睡眠问题却很少只有一个原因。我们应该像研究菜谱一样，仔细观察什么是起决定作用的"主料"，什么是主导菜肴的口味的"调料"。"调料"主要指的是"分离问题"，因为所有的睡眠问题多多少少都和因分离而引发的困难有关。这既针对孩子，也针对父母。从一个娇生惯养的小婴儿，忽然变成一个跑来跑去，会自己吃饭的大宝宝，尤其对母亲而言，这变化实在太快。

无论你的孩子有何种睡眠问题，这里有一项通用法则：

▶ **原则上，孩子应该在自己的床上睡觉。但如果他在夜间遇到了问题，自然也可以在父母那里获得保护。**

孩子能有自己的小床，其重要性远远超出我们的想象，因为这让他真切体会到：这是属于自己的地盘。等孩子将来能够用语言描述他们的世界时，会满怀骄傲地领你看他的小床，指给你看小床上的枕头和睡熊。床向他传达了对于秩序、身份和归属的感觉。让我们想想自己，当我们在旅馆里的时候，只有铺好了床，才能建立起安全感和被保护感。对于父母和孩子睡在一起的优缺点，我们马上就会提到。

针对上文通用法则的后半句，我们接下来要讲一讲许多家长关注或者说担忧的核心问题。

宝宝可以在爸爸妈妈的床上睡觉吗？

没有什么比这条更让许多家长害怕了：他们的宝宝无法从父母的床上离开。

在某些情况下，和宝宝一起睡之所以被强烈抵制，是因为父母害怕允许一起睡的宝宝会长时间地占据这张床。担忧宝宝占领自己最后一块私人领地的恐惧巨大无比。每个人都听说过这样的故事，某些长大了的孩子依然抗议和父母分开睡，他们无法或很难在自己的床上睡着。但是，也有另一种极端：有些家庭拒绝设置宝宝自己的床，觉得一起睡再好不过。

两种形式都有可以理解的优缺点。禁止孩子睡爸爸妈妈的床，能让夫妻拥有更多的二人世界和亲密感，这对气氛紧张的家庭生活是十分有利的。但是同时，孩子不能和爸爸妈妈一起钻入同一个温暖的"小巢"，这对宝宝而言是一种不可理解的拒绝。

与之相对的是，和父母一起睡当然给小婴儿和 3 岁以下的幼儿带来了高度的舒适感和温暖。这里的缺点是针对夫妻双方的，他们几乎没有了亲近和私密的空间。根据我的经验，这一形式往往是那些无法给予对方亲近的夫妻想要寻找的，他们在这里把孩子当作"爱抚缓冲剂"。

如果以上两种形式都不符合你的观点，那该怎么办呢？

先说这点：就和生活中所有的事情一样，要避免某件事情失去控制，理智的做法至关重要。我认为，理论上把孩子彻底拒绝在父母床外是一种巨大的病态做法。我特别推荐这个基本法则：孩子先在自己的床上入睡，但是在夜间如果他出现了问题可以挪到父母床上。这么做的好处在于：当宝宝在夜间出现问题时，爸爸妈妈不用在黑暗中踮起脚尖，在玩具堆得乱七八糟的房间里磕磕绊绊地来到宝宝的身边。在孩子一方，他既能按照熟悉的睡觉仪式在自己的王国里入睡，也能在无法继续自己睡的情况下，到爸爸妈妈那里去。

让我们回到有关睡觉问题的 3 个主要原因和其解决方法，结合这些，看看什么时候所谓的"睡眠程序"对孩子真正有意义。

"睡眠程序"的意义在于，通过某种形式的训练让孩子自行入睡。所有睡眠程序的基本理论都认为：一个孩子能够自行入睡，他才能做到睡整觉。只有当孩子能够自主掌握从清醒状态进入睡眠状态，他才能学会即使在晚上醒过来，也能马上再次睡着。

理论上，没有人可以做到"睡整觉"。这世上只有孩子和成人在夜里短暂地醒来，翻了个身后又立刻继续入睡。根据人类的睡眠结构，"睡整觉"是完全不可能的。每一个晚上，我们都经历着深睡期和浅睡期的交替。一次深睡期的持续时间大约是40分钟。宝宝从深睡期中醒来之后，会进入短短几分钟的浅睡期。然而，在婴幼儿那里，两个深睡期之间的过渡阶段还十分薄弱，也就是说宝宝大多会醒过来，由此也产生了常见的睡眠模式：宝宝在睡着后大约40分钟会醒过来。现在，孩子必须学会连接起这若干个40分钟，才能做到长时间的"睡整觉"。为此，宝宝必须学会在两个深睡期之间的浅睡期阶段醒来后，能够再度自行入睡。在夜间睡眠中，宝宝也会有入睡1.5小时或3小时后，频繁醒来的情况。

　　在孩子那里，我们能更清晰地区分这两种睡眠阶段：如果宝宝处于深睡期阶段，可谓雷打不动；但在浅睡期阶段，一根针掉到地上都能惊醒宝宝。棘手之处主要在于过渡阶段，也就是说从深睡期转入浅睡期的时候，此时睡眠程度尤其之浅。一个习惯了趴在妈妈胸口才能睡着的宝宝，在晚上醒来后也会需要这一助睡手段才能继续睡着。但也会有例外。有些宝宝十分能睡，即便他们习惯在晚上依靠吮吸乳头或奶嘴才能入睡，但整个夜间却能睡整觉。因此，"只有当一个孩子独自且不需要帮助就能入睡，才能做到在晚上睡整觉"——这一准则只适用于那些在睡整觉上有困难的宝宝。

这些所谓的睡眠程序对宝宝有害吗？

　　绝大多数"睡眠程序"的目的在于帮助宝宝学会自行入睡。这里有个所谓的"法伯睡眠法"十分著名。这一方法借由《每个孩子都能学会睡觉》这本书推行甚广。"法伯睡眠法"告诉家长，晚上在宝宝还清醒的时候就把他放到床上，与其告别，离开房间。当预见的哭闹出现后，你应该按照如下法则行事：在 5 分钟后，短暂地进入房间进行安抚然后离开房间。再次返回安抚是 10 分钟后，15 分钟后，最后是 30 分钟后。如果宝宝在晚上醒来的话，也是同样的流程。作者认为这很重要：无论孩子哭闹持续多久，父母都不能让步，绝不能把宝宝搂到怀里。

▶ **对这种绝不迁就、完全不顾及孩子反应的强硬做法，我认为是有害的。**

同样有害的是父母把这睡眠程序当作万灵药，不加验证是否适用于所有情况就盲目地贯彻到底。我这里所说的"有害"不是说会对一个孩子产生终生的心理阴影，因为一桩孤立事件大多不会影响充满爱与理解的亲子关系。但是，就和夫妻关系一样，它能产生一个巨大而消极的创伤，会给亲子关系带来不良影响。置孩子于不顾，假装没有听到他们的抗议和求助，就好比在夫妻关系中，我们认同一种强硬而没有顾忌的交往方式是正常的。

假如和谐的"乒乓球赛"——宝宝信号和父母反应之间的互动——是我们和哭闹宝宝相处的成功秘诀，那么这个互动理念也可以帮助我们在处理睡眠问题时取得成功。针对睡眠问题的起因，这个基本理念也同样适用：

▶ **我们应该帮助宝宝逐渐不需要帮助就能自行入睡。**

好处显而易见，身为家长终于能够连续睡上好几个小时。对孩子来说，采取如此措施，除了有一个休息充分的睡眠，还有一项极大的益处（虽然也许目前还无法预见）：

▶ **宝宝能从中学会和你分别。只有这样，某些事对他来说才可能变得容易，比如轻松独立地自己玩。**

这个任务对孩子有多重要，又有多困难，我们还会在下一章中深入探究。现在，具体来说，我们应该如何付诸行动呢？

让我们看一个最常见的例子：宝宝只能靠吮吸乳头或奶嘴才能入睡。对于这样的宝宝，第一步有意义的做法是，早一点儿在没有遮暗的房间里喂宝宝吃奶，可以让他在你怀里直接入睡，但是让他在你胸口或吮吸着奶瓶入睡。接下去你可以这样做，越来越早地把宝宝从怀中转移到床上，可以轻轻抚摸宝宝的脑袋，直到他入睡。以后，抚摸的时间可以缩短，爸爸妈妈的手只是放在一边，以备宝宝随时想要抓住。再下一步，只是在说晚安的时候抚摸一下宝宝，爸爸妈妈也只是坐在小床围栏边。几天之后，爸爸妈妈也许就能把椅子搬走或是走出房间一次了。

▶ **在几天时间中，逐渐减少使用现有的助睡手段，直到宝宝可以自行入睡。具体的节奏则应该根据宝宝的反应决定。**

如果宝宝习惯含着安抚奶嘴入睡，那么请你教会宝宝自己把安抚奶嘴放在嘴里。为此，还请在宝宝脑袋两边各放几个备用的安抚奶嘴。如果宝宝在夜里醒来，请你把他的小手引向奶嘴，好让他自己拿起来放到嘴里。请避免在夜间睡觉时，你直接把安抚奶嘴放到宝宝嘴里，而是尽量让宝宝自己去做。手脚灵活的宝宝在满 7 个月后，就能自己拿起奶嘴塞到嘴里了。

然而，也有这样的情况。传统的睡眠程序——即前面提到的"法伯睡眠法"，经过改良也可以变得有意义。这里所指的改良是，父母再次进入房间前，需要在门口等大约 3 分钟，而把一个情绪激动的宝宝抱在怀里也是可以的。如果宝宝在夜里醒来并不是因为和爸爸妈妈的分离而产生哭闹，而是因为使用了和年龄不符的助睡手段，那么这样做，的确能教会宝宝自己入睡和睡整觉，并且速度快得惊人，问题也相对要少[1]。虽然家庭不同，引起睡眠问题的原因也各异，但是我们在咨询所中使用这两种方法（逐步教会宝宝自己使用安抚奶嘴和改良的"法伯睡眠法"）都取得了极大的成功。特别是对那些因为使用不当的助睡手段，而无法自行入睡的宝宝，"法伯睡眠法"的改良版成效显著——如果爸爸妈妈的确能够这么做的话。从我个人经验看，家长们在这里会明白应该怎样施行，他们知道应该在门外等多久，以及该用何种方式来安抚宝宝。情感信息的中心是"我还在，没有走，但现在是睡觉时间了"。正因为如此，才需要每 3 分钟进去一次告诉宝宝你还在，因为时间太短的话就无法起到真正的安抚效果。

同时，夫妻之间事先商议好由谁来实行这一睡眠程序也很重要，因为爸爸妈妈不断交替会让宝宝困惑。选择那个能够对哭闹尽量保持平静，并应对得当的人最为合适。根据经验，这对爸爸来说更容易些，母乳喂养的妈妈，单单因为宝宝哭闹就会有泌乳

---

1 分离问题首先表现为：孩子尽管可以自行入睡，但是在夜里却会醒来，而且几乎不可安抚，哭闹常常会持续半小时之久。

反应。而对爸爸来说，在孩子的成长阶段中给予支持——成长也意味着新的交替——也容易得多。对于母乳喂养的孩子，爸爸们还有一个优势，他们身上没有奶味，因此孩子绝不会想到要被喂奶才能睡着。

遗憾的是，因篇幅所限，本书无法关于具体流程以及睡眠程序的心理学背景知识，展开详细阐述。不过，如果你有意获取更多信息，可以在我写的《入睡——（不）是儿童游戏。理解和解决你孩子的睡眠障碍》一书中找到答案。

"能和爸爸妈妈分离"的小贴士

现在我们知道，长大了的宝宝处于两难境地时是何种感受：爱爸爸妈妈胜过任何人，百分之百地依赖他们，同时又有着巨大的好奇心，想要自己去尝试了解一切事物。我们知道怎么做才能减轻这对大孩子来说也很辛苦的，在依赖与愤怒间徘徊的困难。大月龄婴儿需要的是，一切能增强其自信，让其感觉舒适的事，对此我们已做过描述。现在，还剩下一个父母忙于解决的中心问题：该如何对待孩子的依赖性？

在我们的咨询所里，总是能听到妈妈们的抱怨；她们整天被宝宝黏在身上，以至连独自上一次厕所都不可能，这样的情况让她们难以忍受。那么，我们该怎么做呢？为什么有些孩子和爸爸妈妈分离是这么困难，即使他们只是上一次厕所都不行？

对此，先简单说一说发展心理学的要素：要能做到与他人分别，我必须要有将其形象放到心中的能力。具体而言，就是尽管我不能直接看到我的伴侣，但我知道对方并没有消失。技术上则可以这样理解：即使我现在没有打开计算机，但里面的数据也都在。因为知道可以随时打开计算机，所以我不会在工作中陷入紧张和担忧。

而这一点在婴幼儿身上恰恰成了问题。在宝宝心中，爸爸妈妈的形象（也就是对爸爸妈妈的记忆）还不十分清楚，如同在沙滩上画的画，只有风平浪静时，这幅画才能留在那里，归根结底是十分短暂的。对宝宝而言，风和潮水就好比内心的激动和身体上的疲倦，简单点儿说就是一切让他感到有压力的事情。一个平静的、休息充分的孩子只要能听到妈妈在隔壁的声音，很可能还可以自己玩。但是，尽管眼下他情绪稳定，没有觉得不妥，可一旦因为玩得不开心而感到挫败，或感到疲倦时，还是会在短短几分钟后就开始找妈妈，看看她是不是真的还在那里。如你所见，妈妈在宝宝心中的形象开始慢慢消退。再一次看到一个人，就好比重新画了一幅画。

出于这个原因，婴幼儿难以接受分离。在痛苦分离那一刻引起的激动，就已经让他脑海里对爸爸妈妈的印象变得模糊起来。克服了分离的痛苦之后，孩子就只能依赖对父母尽可能清晰的回忆，不然的话，他真的会相信爸爸妈妈被大地吞没，再也不会回来了。这一感受会引发他极大的恐慌，也就很容易理解了。而困难恰恰在于，爸爸妈妈的形象一直要到宝宝3岁以后才能真正稳固地留在他的脑海中。因此，这个年龄也是宝宝进入幼儿园的理想时机。到那时，宝宝无论是情感还是智力，已经发展成熟到每时每刻都能清晰地想起爸爸妈妈的程度，也能做到与他们平静地分离数小时。除此之外，他那已经变得愈发顺畅的语言能力，也能让他表达出可能的担忧，以及询问爸爸妈妈在哪里，从而觉得自己并不孤单。

那么，让我们看看宝宝在 1 岁左右的情形：他们还很少会把父母的形象深深记忆到脑海中。你现在也许要提出异议，宝宝能够立刻并且随处（甚至在照片上）把你认出来。这也是正确的，因为再次相认的能力本质上比主动记起的能力要来得容易。让我们想想学校里的考试题目，我们轻轻松松就能明白为什么正确答案是这样的，但要自己去写正确答案则难得多！我们通过这个例子明白了，为什么对所有的婴幼儿来说，和爸爸妈妈分离都是困难的。

▶ **依赖性、陌生感和分离时的痛苦（一定程度上）都是健康的情感成长的信号。**

不管是哭闹的宝宝还是安静的宝宝，对于妈妈在陌生的环境下离开房间，他们都有理由感到不安。

如今，我们应该怎么理解"或多或少"（换言之"一定程度上"）呢？对此，制订标准可不容易，因为每个人对"正常"或者说习惯的理解是不同的。每个人都从自己所理解的"正常"出发，很难想象别人的感受会完全不同。这就意味着，一位热爱自由，容易感到被约束，不需要和他人有密切联系的母亲，会觉得她那只是普通依赖人的宝宝也非常黏人。反过来，宝宝从一开始就性格不同。这里有爱依赖人的孩子，在婴儿期的最后阶段还喜欢身体接触，指着每一个玩具和爸爸妈妈咿咿呀呀。也有这样的孩子，4 个月大的时候就开始拉扯婴儿车上的链子，几乎可以一个人玩几个小时。父母和孩子的迥异性格会相互产生多少积极或消极的作用，以及是否会成为亲子关系问题的起因，将在最后一章阐述。

现在，就这个困难的"和爸爸妈妈分离"的成长任务，让我们看看能采取什么具体措施来减轻孩子的负担。

这 6 个在广义上延伸出来的要点，表明了我对这个中心问题的看法。

1. 每一次分离时要告知宝宝，哪怕是很短暂的。

2. 让宝宝在房间里决定他是否想和你一起走。

3. 当你离开家时，请简短而诚恳地和宝宝告别。

4. 宝宝应该是那个经常主动说再见的人。

5. 如果宝宝不愿意，不要让他独自留在陌生的地方或和一个不熟悉的人待在一起。

6. 请在告知或许诺时，做到完全可靠。

1. 告知每一次分离。

对于那些不愿与父母分离的孩子，人们有一种错误的观点，认为最好的做法是父母悄悄溜走，让他们压根不知道。直到 20 世纪 70 年代初，这一观点甚至还流行于医院——父母只允许每周探望孩子一次，每次 2 小时！这么做的依据是：免去孩子在分离时的痛苦。而这一做法的根本原因是——不管是现在自己这么做，还是让"专家"来代劳——免去和一个哭闹的孩子（以及良心有愧）打交道[1]。

之前已经提及，就算对我们成人而言，伴侣突然消失会比告

---

1 这又是一个例子，证明了和孩子打交道时的"真相"完全取决于时间与文化。家长应该多多鼓起勇气，信任自身的天性——只要这种感觉不是出于自己有问题的童年经历，而让所有人感到不适。

别后离开要令人恼怒得多——即使我们处于热恋期，别离尤其使人痛苦。在每个人包括每个孩子那里，突然消失只会让另一方产生监控欲，以防止发生不能预料又无法控制的事件。习惯了父母不断不告而别的宝宝，会变得越来越黏人，越想去监控爸爸妈妈。实用的做法是，简简单单告诉宝宝，你只是去一下厨房。

告别也有更深一层的含义：孩子能从中学会如何轻松地处理这人类最强大的情感负担之一——害怕被抛弃。当我们在一天之中能够做到与孩子数次告别，将来孩子也能更好地处理分离和亲密关系。因为，假如分离占据了主导性地位——因分离之痛无法克服，将会影响到未来孩子和他人建立联系的能力。担心被抛弃和被伤害是让许多人无法进入深层关系的根本原因。

2. 让宝宝自己做决定。

根据日常作息的不同，宝宝对你的离开也不会一成不变地是容易或难以接受。对此，请你让他在家中自己决定，是想要和你一起离开还是留下继续玩。由于宝宝被允许参与进来并做出决定，这一自由会让宝宝变得不再那么黏人，并且单单如此就会让他感觉良好。如果你能调整好自身情绪，也就不会再对几乎无法离开宝宝在玩耍的房间，感到那么生气或焦虑。而对此投入时间将给你带来好处。在婴儿阶段就习惯了分离并没有感到无能为力的孩子，将来也能更快地学会同爸爸妈妈做一次短暂的告别。

3. 适当地告别。

如果你现在必须要离开，而宝宝要待在祖母或外祖母那里，那么请和宝宝简短而诚恳地适当告别。在宝宝哭闹的情况下，和他长时间地说话，抱了又抱甚至去而复返，只会延长告别之痛。在宝宝满 1 岁前，你在离开前 30 分钟告知他就足够了。

4. 让宝宝自己说再见。

更好的告别方式是，让宝宝做那个和你告别的人，而你是"被抛弃"者。主动者一向比被动者更能接受命运的安排，尤其当宝宝不愿看到家人离去或同妈妈分离时。聪明的做法是，在妈妈离开家之前，让祖母或外祖母推着婴儿车带宝宝出门，那么，孩子就能先对妈妈表达再见。

5. 不要把宝宝留在陌生的地方。

当你不在宝宝身边的时候，让他留在熟悉的环境中是比较有利的。自己的家就好像一个庇护所，能减轻分离带来的焦虑。这里也是宝宝们能通过许多细节和气味回忆起爸爸妈妈的地方，对恢复其内心对父母的形象记忆有很大的好处。因此，在家中照顾3岁以下的宝宝，而宝宝又很难和父母分开时，如果要分离，可以优先考虑在妈妈常去的地方或婴儿床附近。同样的，如果宝宝不愿意，我们自然也不能把宝宝随便放在一个陌生的环境中（比如不怎么去的爷爷奶奶家），或把他留在并不熟悉的人那里。一次就医本身就已经是一种负担，这是不言而喻的，小宝宝或是幼儿无法独自忍受一个人留在医院。然而，我们却一再见到婴幼儿被医院单独收治的情况——既由医院一方主张，有时也由某些家长自己提议。

6. 做一个可靠的人。

身为父母的可靠性，是孩子在心中建立起一个对你的稳定而可靠的内在形象的最佳保证。你如果答应孩子什么事，那么也一定要做到。这当然首先指的是承诺，比如在某些不快的情况下，你通过承诺来安慰孩子。请不要低估孩子的记性和感受。即使他还不会说话，能得到的信息也比你想象的要多。父母不可靠的做法不会立刻在孩子身上显现出来，而更多体现在普遍的内在不平衡性上，也就是说，孩子会变得愈发依赖人或是抗议性地忽视父母。

宝宝已经接近 1 岁的尾声，你也已经了解在陪伴爱哭闹的宝宝时，怎样做才能让所有人都觉得轻松些。假如这许许多多的建议对你的宝宝都不起作用，你的日常生活还是像从前一样糟糕，那该怎么做呢？那么，我们就要正本清源，因为在这些情况中，大多是亲子关系出现了问题。只有当我们了解爸爸妈妈和宝宝之间究竟在关系层面上发生了什么，才能更好地理解"棘手"宝宝出现的问题。

宝宝们在接近 1 岁时，变得越来越黏人，归根结底在于他们无法做到长时间在心中保存对父母形象的记忆。在这个成长阶段，某些框架条件——就像告知过的分离、不变的环境和照顾者，以及一直和父母同处一室的可能性，偶尔作为那个主动离开的人，等等——都能让宝宝感觉轻松些。重要之处在于，支持一切可以增强其自主意识的行为。这里首先指的是，允许宝宝自己吃饭，以及尽量不受干扰地探索对孩子来说安全的房子。独自入睡的能力，是学会克服分离的练习之一。对此，这里有两种可以帮助宝宝的方法：一是逐渐减少助睡手段，二是通过改良的"法伯睡眠法"教会宝宝自行入睡和睡整觉（假如问题主要出在助睡手段上的话）。另外，我们也建议让宝宝睡在自己的床上。但是原则上，如果宝宝需要，也允许其转移到爸爸妈妈床上。

第三章

亲子关系的意义

　　如果所有的建议都没能真正帮助你，孩子在儿童医生那里也做过检查，确定身体完全健康，而你和孩子的日常生活依旧一如既往的糟糕，那问题就大多出在亲子关系的方面了[1]。当父母对孩子和家庭生活的设想无法实现，并且无法理解孩子的需求和脾气时，亲子关系往往就会产生问题。父母必须自发平和地对待孩子——这只是一个传说，问题可能因父母而生，也可能在于孩子的某些性格。此外，还有人在性格方面的普遍弱点，当被触碰到"伤疤"时，就会引发过激的攻击性行为。在寻找伴侣时，我们能够有意或无意地关注对方的性格，尽管如此，两个人相处时也不会总是那么容易。至于在自己的孩子那里，父母则是毫无准备地面对其性格。

　　在孕期，人们还不知道未来孩子的性格是安静还是敏感。对此，大多数父母没有准备好迎接一个爱哭闹的小宝宝，也就无法提前准备好应对养育过程中出现的易怒和缺乏耐心的情况。接着，出现了这个问题，父母（有意或无意）对孩子性格的设想和期望固化到何种程度？又能在何种程度上做到满怀爱意、设身处地地根据孩子的个性调整自己的态度？让我们从心理学的角度仔细看看，父母和孩子是如何像齿轮那样时而毫无摩擦地转动，时而却硬碰硬地死死卡住对方。

---

[1] 这里先应排除营养吸收障碍——这在对牛奶蛋白的吸收中非常常见。即使是完全母乳喂养的孩子，也可能存在吸收蛋白的负担，到 3 个月大时会出现腹痛——通过生物共振诊断以及治疗，可以完全无痛地治愈这种腹痛。

孩子的需求和性格

直到自己有了孩子之后，父母才会明白所有关于宝宝如何如何的流行观点都是无稽之谈。例如，"新生儿只知道吃和睡"——家有哭闹宝宝的父母对此定会嗤之以鼻——或是"所有的宝宝看起来都大同小异，性格也是如此"。宝宝们的需求虽然相差不多，但绝不相同，程度也不一样。作为细心的家长，你对此一定会十分清楚。

仅仅通过性格研究，我们就已经知道，世上有性格平静、笑容灿烂、情绪稳定的孩子，就像专家托马斯（Thomas）和切斯（Chess）夫妇称呼的"容易宝宝"。这一类型的宝宝比较好办。大多数家长觉得，这些宝宝在新生儿期，就生活节奏来看一点儿问题也没有，同时也能毫无困难地入睡。这样的宝宝很少会哭闹得厉害或出现别的问题。"慢热宝宝"是指那些只能慢慢"解冻"的宝宝，他们更拘谨，更小心，也更有依赖性。当熟悉的人一直在身边时，他们也能很好地应付周围的变化。他们往往也是那些所谓的"容易照顾"的小孩，在熟悉的环境里可以自己玩几个小时，爸爸妈妈们甚至会说"几乎没感觉到他们在那儿"。最难办的是"困难宝宝"（以及他们的父母），他们易怒又敏感。这一性格的宝宝从一开始就很爱哭闹、容易受惊，并且承受能力极弱。他们的情绪转变往往只在一瞬间，而且没有特别的征兆。在这里，我们又看到了那爱哭闹的小宝宝。这种性格使得父母和他们相处的初期困难重重。之后，他们也会像吸水海绵般容易被周遭氛围影响。但是，绝大多数的孩子却是这几种性格的综合体，因此他们都拥有独特的性格模式。

在发展心理学中有一个老生常谈的主题：究竟是人的本性，还是抚养模式，决定了一个人的性格。尤其在美国，直到20世纪50年代，还流行着由一位名叫沃森（Watson）的专家提出的"黑盒理论"。这一理论认为：如果给他五个孩子，他能把其中一个培养成小偷，一个培养成学者，一个培养成律师，等等。简而言之，这一理论认为人类最终是环境的产物。

今天，人们知道，人的行为主要受到基因和生化系统的影响。我认为下面这个比喻很有帮助：我们可以通过教育，将一个"绿色"（绿色意为安静）的孩子转变为"蓝绿""纯绿"或相似颜色的孩子，但绝不可能把他变成"红色"（红色意为兴高采烈）的孩子。一个敏感而性情温柔的孩子，无论父母怎样教育，都很难成为儿童乐园里的小霸王——在紧急情况下会使用暴力夺走大家都想要的小沙铲。反之，一个强壮、外向的孩子也不会因为一名温柔的教导者而变成一只"小绵羊"。这本是好事。

只有当父母难以接受孩子的天性才会让事情变糟，而这经常是因为孩子的性格和他们自己的相差太远或太过接近。直到今天，还有两则案例深深地印在我脑海里。有一对十分安静的夫妻，因为对自己性格奔放的儿子深感陌生，于是手足无措地来咨询"孩子的性格从何而来"。还有一位妈妈，面对自己8个月大、非常温顺耐心的小女婴，却担忧她的宝宝是一只"慢吞吞的小鸭子"，就像她自己的经历，永远也不会在生活中达到目标。但是，绝大多数父母都能够根据孩子的性格调整自己，在理想的情况下，也能觉得孩子的性格和自己的（或孩子的兄弟姐妹）有区别是一件有趣之事。而这也是完全必要的，因为除了需要营养和被保护，宝宝自己对爸爸妈妈的个性没有什么固定需求。孩子可不会在乎摇着他们的妈妈究竟是胖是瘦，是白是黑，也不会在乎爸爸是有着模特般的身材和一头浓发，还是有小肚子并开始秃顶。这就意味着，根据孩子调整自己最先是爸爸妈妈的任务，生动点儿说就是让齿轮和谐地咬合。而回报就是，父母能和宝宝过上相对来说没有摩擦、令人满意的日常生活。

那么，如果爸爸妈妈无法做到根据孩子调整自己，又该怎么办呢？

父母的设想和愿望

每一对父母，都曾有意无意地设想过、希望过自己的孩子和家庭生活应该是什么样子。这是人之常情，归根结底，也是生养孩子的重要原动力。

希望拥有一个出色的孩子（作为自身尤其成功的一部分），这个心里的愿望便是这样的原动力之一。对几乎所有的爸爸妈妈来说，他们的宝宝总是那个最美丽、最可爱也最聪明的孩子，在哪儿都是如此。这种"情人眼里出西施"的想法也是人的天性的聪明之处，它让父母完全确信自己正在培养一个特别的孩子，因此忍耐所有辛苦，在第一个哭闹不止的夜晚之后，没有嫌弃他们那并非如此令人欢欣的下一代。对宝宝而言，这种奇妙的偏爱（就像恋爱）也帮助他变得值得被爱，就像父母所感受到的那样。

只有当父母的设想过于固化，而设想又和现实中孩子的个性和需求不符时，一切才会变得困难。现在你会问，在宝宝身上怎么会发生这个情况？怎么会有人想到，期望这么个小小的婴儿有特定的性格？

这事发生得比你想象的要快。举一个你熟悉的的例子：没有父母在孕期满怀喜悦时，会预见家里偏偏要来一个爱哭闹的宝宝。每个人当然都听说过宝宝连哭数小时不停的可怕故事，却没有人预料到，这个状况竟会天天发生，并且持续好几个星期。同样的，许多爸爸妈妈盼望着能多爱抚宝宝，可发现他的天性好像不太爱依赖人后，往往就会感到失望[1]。但是，归根结底，一个爱哭闹的宝宝肯定是造成爸爸妈妈略带失望，或者说深感麻烦的主要原因。

有时即使是不太重要的原因也会引起父母的失望，比如孩子不是自己内心想要的性别[2]，尤其是如果自己曾和父母的一方有过不愉快的经历，比如一个年轻的妈妈对自己的父亲有阴影，那么在这种情况下，比起女宝宝，她就很可能容易与男宝宝产生问题。我们的咨询所中曾有这样一位女性病人，她坚信自己4个月大的男宝宝在挥舞小手碰她脸的时候，是故意想要打她耳光。也有很多父亲，出于曾与自己的母亲生活的巨大阴影而满心想要一个男宝宝，那么他们也许就会对自己爱哭闹的女宝宝产生苛求。

对自己的孩子有某种设想和期望，本是再正常不过的事情。只有当这些期望过于详细，无法变通时，才会变得棘手。无论是正面形象，还是负面形象，父母对此的观点都不应过于固化。也许你会觉得惊讶，但是一个固定的正面形象也会成为孩子的负担。对此，存在着各种棘手的亲子组合，这些组合既可能是相同性别，也可能是不同性别。根据父母不同的性格和经历，孩子也会给他们带来完全不同的感受。

再举一个我们咨询所中的相关例子。在喂食障碍上，我们经常看到这类宝宝的母亲们有一种特定的心理模式，这个模式可以

---

1 恰恰是新生儿常常对爱抚表示拒绝，因为他们还没有习惯这个安抚的方式。

2 根据我们诊所的急诊数据——然而出于种种原因只有母亲的相关数据——多数初产妇希望宝宝是个女孩。对此我们认为，对许多女性而言，有一个和自己相同性别的宝宝更有助于自我身份认同。

用拼图来打比方。让我们这样认为，母亲（在婴儿期，几乎一直是母亲对宝宝有这个期望，而父亲的期望一般要等宝宝成为幼儿之后）还缺一块最核心的拼图，而这块拼图往往代表的是爱与被保护感。当伴侣不能或不愿填补这块空白时，就需要自己的孩子来填补。有这方面问题的大多是那些没有感受过母爱，换句话说，没有和自己的母亲在情感上"亲近"过的女性。渴望被保护，说到底就是渴望得到母爱的心理，会使得她们的夫妻关系（尤其是性生活方面）变得时常不尽如人意。因此，童年的愿望——母亲爱孩子的剧本——就会被过分夸大。和一个真实、有要求且累人的孩子在一起，特别是他在某种形式上让人觉得难以相处的时候（处于成长阶段的孩子几乎都会在某个时候让人难以相处），母亲第一次的失望就会出现。恰恰是那些在情感方面特别有需要的女性，潜意识中就会期望从宝宝那里得到她长久想念的爱与被保护感，因此宝宝也应该是女性[1]。她们没有意识到，现在其实是轮到她们自己去给予孩子这种情感了，而自己那空空的"情感仓库"会让她们觉得十分为难。这些母亲们感到情况紧急，良心不安，常常想用吃饭证明她们也能给孩子足够的爱。在喂饭时产生的压力程度不一，但严重时甚至会让情绪最稳定的孩子也不愿张口。父亲们在这类家庭中往往充当了次要的角色。矛盾的是，有强烈情感渴望的女性在潜意识里寻找的，往往又是那些较为内向或情感不成熟的男性。由于夫妻双方都无法给予对方所需要的情感，于是母亲们就会满怀希望地转向她们的宝宝，而父亲们则常常只能在工作上力求更多的肯定。

---

[1] 在我们诊所，大约 80% 的喂食障碍发生在女孩身上。

　　这一期望的恶性循环在于：母亲的期望往往不为人知，直到第一个孩子出生时才毫无预期地出现，然后会持续数十年之久。因此，生产对许多女性来说往往也是某种危机的起因，比如引发产后抑郁症。

　　现在，当这样的父母身边有了一个易怒而敏感的宝宝，比起那些情感成熟、承受能力较好的父母，他们的家庭状况会恶化得更快。因为，即使是沉稳的父母，一个爱哭闹的宝宝也会让他们的自信心迅速濒临崩溃，引发攻击性和绝望情绪，很快就会把这些养育者驱逐出"家长杂志的天堂"——在那里，总是潇洒的爸爸和苗条的妈妈坐在他们整洁明亮、装修考究的公寓里，满怀喜悦地望着他们那微笑的宝宝。尽管我们每个人都清楚，这种场景完全不符合现实，但它却折磨着我们的思想：人家有宝宝的家庭，生活要和谐安静得多！我从日常接诊中获知，这让许多爸爸妈妈失望之至的前三个月父母生涯可谓令人刻骨铭心，要努力去消化才行。无法安抚孩子的体验让父母的自信心消失殆尽，一直要等过上几个星期的平静生活后，他们的心情才能慢慢恢复一些，却依然很脆弱。许多父母声称，他们会在未来很长的时间里，因为宝宝一次稍长的哭闹又陷入旧日恐慌，生怕这哭闹又会持续好几个小时。但是，

▶ **根据我的经验，在绝大多数情况下，引起宝宝前三个月哭闹增多的原因主要在于调节问题，而不是亲子关系出了问题！**

　　然而，父母和孩子、父亲和母亲之间的问题往往还会产生副作用。连续好几个星期，每天好几个小时被"震耳欲聋"的哭闹

声包围，单是这点就足以引起强烈的攻击情绪。这样的反应也是完全正常的，就算只是被偶尔怒吼一次，人们就想要进行防御，或者说保持距离。而那些哭闹宝宝的家长，还要坦然面对这显而易见的负面情绪，勇敢地抱着孩子继续走来走去——滑入下一个绝望无助的深渊。他们为孩子耗尽所有力气却一无所获。这样的状况如果持续数个星期，从儿科医生到哭闹诊所，最后又无功而返（那时宝宝们多数在婴儿座椅里睡得正香），父母心中也就会更添一份愤怒、失望、无奈，甚至彻底绝望。彻底绝望——这种许多父母面临的地狱般的处境，似乎永远不会改变。

每一位父母在处理这样强烈的负面情绪时，采取的方式是不同的。一种主要的发泄形式是把所有对宝宝的不满"嫁祸"到伴侣头上，或是建构起强烈的攻击情绪，和婆婆（或岳母）针锋相对。从人类并非一直只做帮助、体谅他人的行为这一点出发，此种潜意识的转移机制便能够迅速可靠地起作用。总有一个人要充当替罪羊，让自己发泄出难以忍受的情绪，从而"净化"心灵，好再去亲近宝宝。尽管宝宝时时让父母处于绝望的边缘，乃至陷入绝望，父母却可以保护宝宝不受其负面情绪影响，像避雷针似的让坏情绪发泄到别处，这真可以说是一项伟大的成就。对此，就像关于0~3个月宝宝的章节中所形容的那样，不必将这个时期发生的夫妻冲突看得太过严重。这些冲突只是因为过分被苛求而产生，与深层的夫妻关系无关。

但是也会有这样的时刻，愤怒、苛求和绝望在父母心中混杂，突然冒出了某种可怕的念头"现在最好能对孩子如何如何"。在这种情况下，这也是人之常情，因为总要有个地方让积压的压力释放出去。在极端情况下，父母之间也会在一次激烈的争吵中，希望对方滚得越远越好——当然之后还是想要在一起。关键在于，这一切纯属虚构，不会付诸行动。因此，当父母突然产生这些念头时，最好还是离开房间，以免最初出于安抚之意的轻轻摇动变作重重抖动。此外，把这些"邪恶的念头"老老实实地向他人倾诉也会很有帮助。当你说出口的同时，那"可恨秘密"的影响也随之不见、遁形于天地。理想的做法是找一个好朋友倾诉这些想法，因为伴侣或宝宝的祖父母往往会对此感到震惊，而无论是吃惊还是劝慰（"但是宝宝很可爱呀……"）只会加重爸爸妈妈的罪恶感。

　　情感混乱也会造成其他想法。尤其是很多妈妈们，在产生这类"邪恶念头"之前，思维已经拐到别处。相同的情绪在这里化身为无法解释而折磨人的担忧：害怕宝宝会有意外。在那些有产后抑郁症的母亲身上，这种忧虑尤其强烈。她们常常会陷入无端臆想而无法自拔，比如和宝宝一起摔下楼梯，宝宝的脑袋撞上门框，宝宝从怀里掉落……在极端情况下，忧虑上升为恐惧——害怕宝宝会突然死去。比起那些面对爱哭闹的宝宝会正常恼怒的母亲，这些母亲仅仅通过倾诉痛苦的想法，还远远不能感到轻松。这些有强迫性灾难恐惧感的母亲，恰恰无法表达愤怒，也难以通过愤怒来排解自己的情绪。说到底，我们无法消除这些想象是因为其本质是其他想法的变形。对"困难宝宝"的失望，觉得不够爱宝宝，不能持续安抚宝宝，也许还希望得到更多的支持却没能如愿，等等，这一切都让这些母亲的情绪坠入无底深渊[1]。

---

1 对孩子的爱在其出生的那刻就达到巅峰——这是社会上的谣传或个例。然而，当无法满足这样夸张且不现实的期望时，许多女性就会觉得自己是一个不称职的母亲。如同其他一切关系那样，对宝宝深层的爱和联系会在前三个月中一点点建立起来，并会在未来的岁月里变得越来越深厚。

但是，我从自己的咨询所案例里获知，母亲抑郁情绪的程度高低未必和宝宝实际上的"困难度"有关。如果你有这样的情绪——尽管你的孩子也许没有过分哭闹——那么也请你对此严肃看待，并寻求专业帮助。

这一点同样适用于以下情况：如果你宝宝的哭闹时间（经过医生核实后）在 3 个月后依然没能减少到合理的范围。那么就要深入思考，到底是哪里出了问题？在这里，让我们还是先概括一下，成为平静而心满意足的宝宝有哪些先决条件。

情绪稳定的孩子的秘密

在许多地方都能见到这样的孩子，他们浑身散发着满足感和平衡感。由于能妥善处理挫败感和界限问题，愿意合作又态度友好，也能自己玩，所以，这些孩子在人们眼中总显得那样情绪稳定。他们很少气势汹汹或活跃异常，和他们在一起也不需要竭尽全力地你争我夺，生活对大家而言美好得多。这些孩子不是那么黏人，和他人也能很好地交流。

这些孩子究竟是怎么做到如此满足安宁的？仔细观察这些孩子的家庭关系就会发现，父母其实能为孩子的内在平衡做很多事情。根据孩子们的天性，为帮助他们获取稳定的情绪，家长们耗费的心力也有多有少。而拥有内在平衡的重中之重，就是"一个孩子能在和谐的家庭氛围中长大"。根据经验，如果我们试图找出一些能让家庭如此和睦的原因，则必然会有以下 5 点共同创造了这个"秘密"。

1. 规划日常安排和空闲时间。

2. 固定孩子的睡觉时间。

3. 许多共处和相伴的时间。

4. 每天，孩子和父母之间都要有若干次贴心的交流。

5. 以尊重的态度对待孩子。

1. 规划日常安排和空闲时间

和谐家庭经常有意识地去做一些计划，这个计划是所有人能设想一个差不多相同的、让人满意的日常安排，作为共同生活的基础极其重要。如果不能做到兼顾每个家庭成员不同的兴趣和需求的话，家庭小船就会左摇右晃。父母一方甚至双方，就会觉得自己被忽视或是被利用，而宝宝则会因为爸爸妈妈没有顾及他的需要开始哼哼唧唧，大为不满。

孩子的出生把已经磨合好的夫妻关系带入一片混乱，将他们的空闲时间砍去大半，所以有意识地制订新的方向就显得十分必要。可惜，这样复杂的事情只有通过许多次建设性的谈话才能步入正轨，而不是通过不说出口的预期或设想。据我所知，许多家庭和孩子过得不快乐，正是因为没有找到一个让所有人都满意的生活方式，而这一生活方式最先应涉及空闲时间和休假安排。理想的生活方式应设定灵活的组合，包括共同的家庭时间、属于每个人自己的时间和两个人的时间。对夫妻二人而言，需要属于两个人的时间自然尤为迫切。但对孩子来说，能和爸爸或者妈妈单独相处也十分让人欢欣。

2. 固定孩子的睡觉时间

听上去仿佛是无稽之谈，但宝宝之所以会哼哼唧唧、无法平静，最常见的原因就是他们睡得太少。就算家庭生活和谐，也无法弥补婴幼儿睡眠的不足。睡得太少让年幼的孩子变得烦躁不安，即使碰到再小的挫折他也会火冒三丈。因此，将每天的睡觉时间固定下来可谓意义极大，因为和一个过于疲倦的孩子做任何事最后都只会让人觉得深感挫败（孩子在长时间的车程中或坐婴儿车散步的过程中睡好午觉的情况除外）。

3. 许多共处和相伴的时间。

在一个平静的日子里，宝宝有很多可以抓住爸爸妈妈注意力的机会，这是最让他满意的了。由于宝宝自己要做的事情已经很多，固定作息能帮助他们通过有规律的进食和睡眠保持内在平衡。太多的计划和任务，比方说随意性很强的走亲访友，会妨碍他获取安静、专心玩耍的能力。合理安排日常生活和娱乐活动，才是拥有一个平静孩子的关键。

这并不意味着你必须一直围着宝宝转，无休无止地持续"接触轰炸"对每个人来说都不会舒服。要想获得令人满意的共同生活，根据经验，需要父母和宝宝共处一室各忙各的，但保持开放，随时以待。当一个孩子觉得他随时能跑过去和爸爸妈妈说话时，他就会精神焕发，变得放松许多，自己玩耍的时间也会相应延长。只有当孩子注意到父母想要安静而远离他们时，才会不断抱怨、上前阻碍或努力要引起他们的注意。

4. 每天，孩子和父母之间都要有若干次贴心的交流

这些全心全意奉献给孩子的时刻，能让宝宝变得心满意足。如此，宝宝能感觉到父母的爱与亲近，像是一辆加满油的小车，又能快快乐乐地继续启程了——也就是说，可以玩耍或享受与他人相处的时光。许多像这样的短暂时刻就发生在换尿布、玩耍或大家一起为了什么开怀大笑时。

如果进展顺利，那么在紧张的日子里，你和伴侣也可以时不时去体验一下这样的贴心情感，这能为良好的伴侣关系奠定坚实的基础，也会有益于孩子的成长。

5. 以尊重的态度对待孩子

充满尊重的处理方式尤其体现在：认真对待孩子所有的感觉，

礼貌地和孩子打交道，顾及孩子的界限和愿望。对于认真对待孩子的愿望和需求，其程度应和自己如何对待伴侣的需求一致，但并不是说一定要满足孩子的每个愿望。

礼貌地和孩子打交道是许多成人忽略的事情。尽管被期望，特别是孩子要对成人有礼貌，但从成人身上却很少看到同样程度的回应——虽然二者有相同的权利。

在家庭教育中，处理婴幼儿夸张的情感需要敏锐的鉴别力。因此，一个笨手笨脚不小心摔倒的宝宝，本就怒气冲冲了，如果还被嘲笑，就会和一个小孩子因为做错事被爸爸妈妈大声呵斥一样，心中的挫败感令他感到羞耻。在教育方法中，强迫一个已经绝望哭泣的孩子重复"再也不敢这么做"，或情况已然恶化，还要叫他捡起掉下的物品，是对他完全没有必要的羞辱和伤害。同样，把一个大喊大叫怒火中烧的孩子单独留在房里，叫他闭门思过，也是有争议的做法。恰恰当孩子无法控制自己的情绪时，父母更应该留下来而不是让孩子自己待着。即使是出于好意的某些行为，比如在宝宝吃完饭后不说一声就拿块布擦他的脸，也会让宝宝感到被侵犯，而且这么做完全没有必要。

宝宝作为家庭的一员，我们越是平等地看待其愿望和需要，宝宝也就会越平静、越满足。但这并不是说，我们原则上应该放任孩子的所作所为，从不制订一个清晰的、适用孩子的规则。只有做到互相为他人着想，给予尊重与体贴（因此孩子的愿望也不应该主宰父母），才能使人满足，实现家庭和睦。而这不但展现在孩子的脸上，同样也展现在父母的脸上。

结　语

　　如果现在，你从本书中获取的所有建议和信息，在你孩子那里没能真正带来持久的情况好转，那该怎么做呢？或者，你在费尽心力后，还是觉得宝宝在很多方面是一本"天书"，你对他的某些行为就是无法理解。又或者（这个原因也许比之前所有的原因都重要）如果你有种感觉，不知怎么就处于深渊之中，忧虑不断，而又无法解脱。再或者你只是有个小问题，但是想和一位专业人士讨论一下。

　　那么，寻找一家婴儿咨询所的正确时刻到来了。这些咨询所未必都叫作"哭闹诊所"，如果不是附属于医院，尤其不会这么称呼。因为根据经验，在大多数家庭看来，求助这一类机构的门槛很高，我想简短地描述一下，一次一般的咨询看上去是怎样的。但是，先提一点，

▶ **决定接受咨询，既不代表你是一位不称职的母亲或父亲（恰恰相反），也不代表你有一个特别"有障碍的宝宝"。**

　　也许，"有障碍"的表述现在听上去夸张了些，但这的确是那些忧虑过度的父母（他们的担忧也是完全可以理解的）的原话。

有了问题，应该寻求心理治疗，精神痛苦和牙痛一样受到重视，也只是不久以前才发生的改变。而宝宝也有灵魂，就是说宝宝是一个需要被理解的独立生命，这在德语国家中，即使在儿童医院，也还是一个相当新的观点。一直要到20世纪80年代末期，才建成了第一批哭闹诊所和儿童身心医学治疗站。因此，你的儿科医生如果对此知之甚少，也是极有可能的。

那么，在一家咨询所里，一般会发生什么呢？由于有些同行的处理方式不同，我只能根据我们咨询所的工作方式，粗略地介绍一下大致情形。

当家长进行电话预约后，小家庭的全体成员都会被邀请到咨询所。真正重要的是爸爸也应在咨询时到场，把作为家庭中心成员的他排除在外（或是允许他不参加），不但十分荒唐，也让共同理解所存在的问题，尤其是寻求共同解决方法的期待化为泡影。在谈话中（大多持续1个小时），父母要描述孩子的何种行为让他们感到担忧。这类咨询的目的和意义在于，父母和一位专业人士一起更好地理解孩子。在此基础上，针对每种情况，共同思考出有意义、有帮助的介入手段。许多同行，包括我们自己，在工作中有时也会借助录像（家长自己带来，或是在咨询所内摄制的孩子玩时的情景），因为单是能从旁观者的角度观察父母和孩子这一点，就能为他们提供很多信息，大有助益。

在专业咨询中不会发生责备和教导父母的情况，比如咨询师强加给父母以某个僵化的程序或是与家庭意愿相抵触的固定设想。同样，宝宝也不会被送到儿科诊所诊疗，或甚至不让父母陪伴就被收治入院（除非宝宝出现了令人担忧的体重不足，或是在过去的24小时中哭闹加剧）。问题倒更在于，如果宝宝出现了十分复杂的行为表现，需要更进一步观察时，医院却无法提供需要的诊疗点。同样，如果碰到有抑郁情绪的母亲，也不会立刻让心理治疗师来，或要求她必须服药。我有意识地提及以上这几点，因为它们通常是家长担忧的方面。

　　在一次进展良好的咨询中，大家共同努力去理解宝宝的症状，并寻求对所有家庭成员都可行的解决方法。咨询是值得珍惜的机会，通过咨询，家长能更好地认识自己的孩子，借助局外人的帮助稳固好这刚刚起航的"家庭小船"，并配备几个救生圈，为所有船员计划一条安全的航线。一艘坚固的小船，在清晰的航线上行驶，即使将来碰到正常的（家庭生活的）风暴，也不会轻易倾斜甚至倾覆。就像我们那曾经小小的"哭闹宝宝小船"，在爸爸妈妈的帮助下，渐渐已能做到安全、平稳地驶向波涛汹涌的生活海洋。

So beruhige ich mein Baby

附　录

日程记录表

24 小时记录	姓名：		出生日期：				年龄：	

时间	6:00 7:00 8:00 9:00 10:00 11:00 12:00 13:00 14:00 15:00 16:00 17:00 18:00 19:00 20:00 21:00 22:00 23:00 24:00 1:00 2:00 3:00 4:00 5:00
日期	

时间	6:00 7:00 8:00 9:00 10:00 11:00 12:00 13:00 14:00 15:00 16:00 17:00 18:00 19:00 20:00 21:00 22:00 23:00 24:00 1:00 2:00 3:00 4:00 5:00

睡眠时间（—）　　　清醒时间（不填）　　　哭闹时间（//////）　　　吃饭时间（＊）

180

续表

24小时记录	姓名：														出生日期：						年龄：			

日期＼时间	6:00	7:00	8:00	9:00	10:00	11:00	12:00	13:00	14:00	15:00	16:00	17:00	18:00	19:00	20:00	21:00	22:00	23:00	24:00	1:00	2:00	3:00	4:00	5:00

时间	6:00	7:00	8:00	9:00	10:00	11:00	12:00	13:00	14:00	15:00	16:00	17:00	18:00	19:00	20:00	21:00	22:00	23:00	24:00	1:00	2:00	3:00	4:00	5:00

睡眠时间（—）　清醒时间（不填）　哭闹时间（//////）　吃饭时间（*）